纺织服装高等教育"十三五"部委级规划教材

吴小兵 编著

Fashion color
design and expression 服装色彩
设计与表现

东华大学 出版社·上海

前言 Foreword

　　服装色彩在对服装的认识知觉选择中居首要地位，是服装美的灵魂。任何服装形式都是通过服装色彩表现出来的。奥斯特瓦德在《色彩入门》中写道："使人愉快的色彩中间自有某种有规律、有秩序的相互关系可寻，缺少了这个，其效果就会使人不愉快或全然无感觉。"学习服装色彩设计的目的，就是掌握服装色彩搭配中蕴含着的微妙的视觉心理关系和视觉变化的一般规律，通过色彩的艺术设计来充分地表现和提高服装的审美价值，从而创造出高附加值的服装产品。

　　本书条理清晰，层次分明，对服装色彩理论进行了系统与规范的阐述；同时采用大量的图片，以图文形式增强了教学的直观性和有效性。

　　本书由辽东学院吴小兵教授编著。温兰副教授编写了第五章、第六章，郑丹彤老师编写了第一章、第二章，其余章节由吴小兵教授编写。全书最后由吴小兵教授统稿。

　　由于作者水平有限，错漏与不妥之处在所难免，恳请同行与读者批评指正。

吴小兵

目录 Content

第一章　服装与色彩

在现代服装设计中，服装色彩设计是服装款式取得丰富多样效果的最重要表现手段。

第一节　服装色彩与设计

一、服装色彩

服装色彩是指以服装面料、服饰配件材料为载体所表现出的某种色彩形式。具体指上下装、内外衣的色彩，以及鞋、帽、包、首饰等服饰配件色彩。

服装色彩具有物质与精神双重属性。一方面服装色彩的实用性、材料及生产工艺性、商品性等是服装色彩物质价值的体现。另一方面，服装色彩可以使人们产生审美情趣，给人们带来美的享受，这是服装色彩精神价值的体现。服装色彩的双重属性极大地丰富了服装的表现形式。

二、服装色彩设计

服装色彩设计是指运用科学的方式、艺术的手段对服装色彩的内在因素与外在因素进行研究、统筹，以期达到整体服装色彩表现效果的过程。具体指服装色彩与款式、材料、服饰品之间的配色设计，服装色彩与着装对象之间的和谐关系，服装色彩与环境之间的协调性等。

影响服装色彩效果的因素众多，这使得服装色彩设计更加复杂化。设计者单凭灵感、直觉和经验进行构思与创作是非常困难的，也不可能满足现代社会人们对服装色彩多样化的要求。所以，必须认真而系统地掌握服装色彩设计理论，熟练地运用色彩表现规律，充分地了解服装色彩各因素之间的关系，使理性认识与感性认识有机地结合起来，才能够设计出新颖的具有创意性的现代服装作品。

第二节　服装色彩的功能

一、服装色彩的实用性功能

服装色彩的实用性功能表现在以实用为目的的机能性配色上。一般来说服装色彩都具有机能性，但因使用目的的不同而对服装色彩机能性要求也不同。比如，时装、生活装在色彩设计上首先考虑的是审美的装饰性，而劳动保护用装则侧重于首先满足使用功能。根据使用目的，服装色彩实用性功能具有以下几个方面：

1.防护机能

防护机能是利用物体对光的不同反射吸收率，在一定程度上来防御对人体有害的过量辐射。在炎热的夏季穿浅颜色的衣服比较凉快，这是因为浅色吸光少。经实验表明：在光照充足的条件下，衣服的颜色直接影响着衣服的内气候，影响的程度根据颜色的明度变化而增减，即颜色越浅吸热越少，颜色越深吸热越多。比如，在银白色航天服的面料里面添加一些抗离子流材料，目的在于防辐射。作为高科技领域的尖端技术代表，银色航天服最外层的防护材料能耐受100℃以上及–100℃以下的温差变化（图1–1）。

图1–1 银色宇航服

2. 警示机能

警示机能是利用传播性能好的波长及色光可视度高的配色，引起人们视觉的足够重视，以达到引起他人注意，有利于联系及救助等目的。如海上作业服、森林防护作业服、环卫工人服装、建筑工地及化工厂等工装，多用橙色、橙红色（图1-2）。

3. 隐蔽机能

隐蔽机能与警示机能的目的相反，是顺应环境用色，尽可能降低服色的易见度，以蒙骗对方，隐蔽自己。比如军队中的迷彩装，随着现代印染技术的发展，迷彩装的科技含量越来越高，如在美国通用型迷彩图案制服（Multicam）取消了丛林迷彩、沙漠迷彩、

山地迷彩和城市迷彩等不同种类的区别，仅采用一种颜色较淡的通用型迷彩图案，由于结合了特殊的数码调色技术，具有在自然光下变色的效果，可以同时在沙漠、森林和城市三种环境下使用（图1-3）。

4. 卫生机能

白色或浅颜色能给人以洁净感，同时对污染反应敏感。所以，在饮食服务、食品加工、制药、医疗、精密加工部门多用这种颜色。这既能给服务对象以良好的卫生印象，也能给员工营造一种维持清洁的气氛（图1-4）。

5. 抗污机能

在一些污染严重的工作环境中，工作服应采用

图1-2 橙色的警示机能

图1-4 饮食行业服装色彩的卫生机能

图1-3 隐蔽机能的迷彩装

图1-5 抗污机能的工作服色彩

图1-6 手术服色彩的沉静与安宁

图1-7 运动服色彩的兴奋与刺激感

抗污性强的颜色，以便保持相对的清洁感。视其主要沾染物质的颜色，顺应选择弱对比配色。如煤矿、油田的工作服宜用中低明度的各种灰色调，与浅色粉尘打交道的工种，可用较明亮的色调（图1-5）。

6. 生理调节机能

根据人的视觉生理特性，从消除视觉疲劳与激发工作热情的角度进行的服装配色。这种服装的色彩应起到同工作环境色相协调的作用，以便满足视觉生理平衡的需要。例如医生的手术服，通常采用蓝绿色系，可以缓解疲劳、平静情绪（图1-6）。但在许多对抗性较强的体育竞赛中，运动员的服装采用鲜艳富于动感的色彩，既能够激发自己的竞技情绪，同时也能感染观众（图1-7）。

7. 视错修饰机能

合理利用视错觉的这一特殊现象，掩饰形体的不足之处，调节肤色的色彩倾向。如利用竖条图案可以使身材显得修长苗条，蓝色的对比可使黄皮肤增加红润的健康色感（图1-8）。

二、服装色彩的装饰性

色彩在视觉选择中的优选性，决定了色彩在服装中的重要地位，同时也决定了色彩在服装装饰要素中的关键作用。

首先，色彩美的规律决定了色彩在服装中的装饰价值。这种规律是依据人在生理、心理上对色彩调和的基本要求而产生的。作为规律性的东西是相对永恒的，所以尽管看上去服装中的色彩现象复杂、多变，但其追求色彩美的本质是共同的，只是表现形式不同罢了。构成色彩美的形式是多样的，表现在服装上的色彩美也是多样的。现代社会中，人们有更大的自由来追求服饰美的价值，对色彩的追求个性意识越来越强，对服装多样化的要求越来越高（图1-9）。

其次，服装色彩的装饰性表现出一种时间的特征。人们对一种色彩看厌倦了，又会追求另一种色彩，这就促使了色彩的流行，时尚的色彩因满足了人的新的要求，而具有了强烈的服饰效果，得到人们的青睐；过时的色彩则使人感觉不可爱，装饰性也就降低了。所以说任何配色形式都难以持久，审美的情趣在时刻变化。但纵观近代、现代服装演变的历史，会发现万变不离其宗的规律，无论何时，色彩的装饰都必须从使用环境、穿着对象、用途及色彩配合的基本规律来考虑，不合乎目的的装饰往往是累赘而徒劳的。这就需要坚持不懈地去探索满足人们审美需求的新的表现形式（图1-10）。

图1-8 服装色彩的修饰机能　　图1-9 传统服饰与时尚的完美结合　　图1-10 采用现代数码印花的服装

第三节　服装色彩的象征

从服装发展演变历史中可以看出，在不同的时代服装色彩都强烈地反映了其社会的文明特征及审美风貌。也就是说，服装色彩以其表征，作为某种概念、思想和情感的代言物的形式存在。

一、社会文化的象征

不同的时代、国家、民族与地区，都有各自不同的象征色彩。

比如，在第二次世界大战后欧洲人为祈祷死去的亲友，穿黑色服装以表达自己的悲哀情感；现代工业严重地破坏了生态平衡，人们意识到了环境保护的重要性，于是流行起"森林色"（图1-11）；高节奏的都市生活使人们产生了对悠闲的乡村生活的向往，于是就出现了"田园风情"。

各个国家及民族的风俗习惯集中体现了各民族的色彩情感及象征性。比如，阿拉伯国家地处沙漠，而沙漠中的绿洲是令人向往的，绿色给人以希望，因此他们的国旗是绿色的底色；德国国旗用黑、红、黄三色，它的视觉效果正符合德国人凝重理智的性格特征；法国国旗中红、白、蓝与这个民族的热情活跃的精神秉性相契合。

在服装方面色彩的象征性具有世界共性，但也因民族文化的不同而形成的差异，所以，同一色彩象征的内容会大不相同，甚至相反。比如，在欧洲白色象征着纯洁、高雅，新娘用白色婚礼服，但在中国传统习惯中白色为丧服，婚礼服则用红色；紫色在中国、日本及一些西方国家是高贵、庄重的颜色，但在巴西则表示悲哀，尤其是紫色与黄色并用是不吉祥的象征。

二、社会符号的象征

1.阶级符号

在原始社会，服装色彩就已有了最早的身份符号象征功能。原始部落首领常以身上的纹饰刺青的不同以及身上装饰的多寡来区别与下属的不同地位。在中国历史上，色彩在服饰制度上的运用有贵贱尊卑之分。如：正色——青、赤、黄、白、玄，为贵；间色——二正色相合为间色，代表贱。自唐代以后，黄色被定为王公贵族专用色，禁止平民百姓使用；明黄色更是作为帝王身份象征而成为龙袍的标准色（图1-12）。在欧洲历史上，紫色曾是贵族身份的象征。在古希腊，紫色是国王的服色。

图1-11　服装色彩体现的环保意识

图1-12　中国清朝御用服饰色彩

图 1-13　Mc Queen 的服装设计作品

图 1-14 英国皇家卫队传统服饰色彩

2. 团体符号

不同的宗教信仰、政治团体也表现出不同的色彩象征性。在世界各地由宗教而形成的色彩象征性具有权威性。佛教中的金色、黄色是西天超脱之色；基督教中的红色是圣灵降临节的色彩，是圣血的象征，将黄色认为是叛徒犹大衣服的颜色而卑劣可耻；回教中的绿色是永恒乐园的象征，将黄色视为死亡之色。在佛教中，服装上使用黄色，佛家称为金身。罗马天主教教会规定圣职者穿的法衣颜色和装饰、祭坛用的幕幔颜色必须和祭日的行为相适应，其色彩象征意义是：白色代表圣洁、欢乐和光荣；红色代表仁爱和豪迈献身；绿色代表永生和希望；紫色代表苦恼和忧愁；黑色代表死亡悲哀和坟墓的黑暗（图 1-13）。

3. 职业符号

不同职业服装色彩具有其标志性的象征意义。如军服（陆军、海军、空军）、警察服、法官服、邮政服、学生服等。这种服色在象征职业的同时，不仅可以约束穿着者的言行，同时也增加了穿着者自身的优越感、自豪感、社会信任感及归属感等各种感觉（图 1-14、图 1-15）。

三、个性的象征

服装色彩在服从于社会环境的同时，又表现出强烈的个性色彩。由于个人的性格与状况（出生、入学、毕业、工作、结婚等）的不同而形成了不同的文化修养、审美标准、价值

图 1-15 时装设计中的校服元素

图 16 人的流动形成服装色彩的流动

图 17 服装色彩审美的不同角度

观念等，从而影响着对服装色彩的选择。所谓"观其服，知其人"，如喜欢华丽时髦的色彩具有外向的个性，而朴素淡雅的色彩有着内向的性格。服装色彩有意无意地成为了展示自我、象征个性的一种标志。

第四节 服装色彩的特性

奥格尔说过："服装是走动的建筑。"这句话生动而形象地指出了服装与其他姊妹艺术相区别的特殊性。就服装色彩而言，其特性体现在服装色彩在运动的时空中所呈现出的美感与人们心理上的契合。

一、流动性

从时间的观念上来分析，一方面服装色彩在人们使用过程中随着时间单位的变换而产生的服装色彩的流动。例如，一天中的早、中、晚穿着服装色彩的不同，服装色彩随着季节的交替变化，以及服装色彩流行的变幻，都是服装色彩流动性的体现。另一方面是服装色彩在人们使用时因空间与环境的变更而产生的时间延续过程中的服装色彩流动。

从空间的观点来分析，服装色彩的流动性表现在服装的动态特性上。绘画、雕塑、建筑等艺术都只具有静态美，但服装色彩，随着人体的运动表现出动态，这种动态使服装色彩产生流动感。同时，随着光线的变化使服装材料产生不同的光感效果，也会形成服装色彩的流动（图 1-16）。

二、立体性

就个体空间环境而言，当服装作用于人体之后，服装色彩即从平面状态转成立体形态。人们也将会从各种角度进行全方位审美。因此，在进行服装色彩设计时，不能只考虑正面效果，还必须注意两侧及背面的色彩处理，而且要照顾到每个角度的视觉平衡，使之始终保持整体、协调的感觉（图 1-17）。

当个体空间融入社会空间环境之中时，人们将会在整体环境氛围之内进行审美、评断与欣赏。

第二章 光色原理

光色原理是色彩的基本原理，是服装色彩设计的理论基础。它是我们首先应该研究与掌握的内容。

第一节 光与色

一、光的概念

光是一种以电磁波形式存在的辐射能。电磁波种类很多，其中包括宇宙射线、X 射线、紫外线、可见光、红外线、无线电波、交流电波等。波长最短的电磁波是宇宙射线，最长的是交流电波。波长与振幅是决定光的物理性质的两个因素。

1666 年，牛顿在剑桥大学的实验室里，将太阳光从一条隙缝引入暗室，通过一个悬挂的三角形玻璃三棱镜。结果在对面的白色映幕上出现了一条七色的

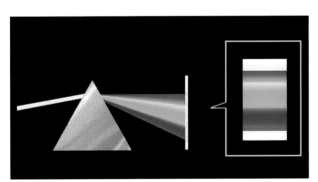

图 2-1 色散实验示意图

光带，按红、橙、黄、绿、青、蓝、紫的顺序排列。如果再用聚光透镜把些色光加以聚合，它们就会重新汇聚成白光。这就是著名的色散实验（图 2-1）。

1. 光谱

白色（或无色的）阳光是由不同波长和频率的多种单色光组成的。这些经色散开的单色光按波长（或频率）大小而依次排列的图案，称之为光谱。

2. 复色光

太阳光是红、橙、黄、绿、青、蓝、紫 7 种不同波长的光的复合，故称复色光。

3. 单色光

经三棱镜分解的红、橙、黄、绿、青、蓝、紫中任何一个色光，再经过三棱镜时是不能被再进行分解的。这种不能再分解的光叫单色光。

4. 可见光谱

在整个电磁波范围内，用三棱镜分解太阳光形成的光谱，是人类肉眼所能看见的光的范围。从波长 380nm 到 780nm 的区域为可见光谱，即常称的光。由三棱镜分解出来的色光，如果用光度计来测定，可得出各色光的波长（表 2-1）。不同波长的可见光在人眼中产生不同的色彩感觉。

5. 不可见光

人类肉眼看不见的光，统称为不可见光。它是指波长 380nm 以下的紫外线、X 线、放射性 R 射线和宇宙线，以及波长 780nm 以上的红外线、电波等。

二、光的传播

光是以波动的形式进行直线传播。因此，光在传播时具有波长和振幅两个因素。不同的色相具有不同的波长，不同的振幅又区别了同一色相的明暗程

表 2-1 光谱色的波长范围   单位：nm

颜 色	波 长	范 围
红	706	640 ~ 750
橙	620	600 ~ 640
黄	580	550 ~ 600
绿	520	480 ~ 550
蓝	470	450 ~ 480
紫	420	400 ~ 450

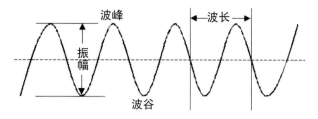

图2-2 光的波长与振幅示意图

度。同一波长的色光，其振幅越大，明度越高；振幅越小，明度则越低（图2-2）。

光传播进入人眼有多种情况。

1．直射

光直接传入人眼，人眼感受到的是光源色。

2．反射

当光源照射物体时，物体表面反射光，人眼感受到的是物体表面光，也是人们通常所见到的物体色彩。

3．透射

当光照射如玻璃之类的透明物体时，光透过物

体进入人眼所看到的物体色叫穿透光，它与物体表面色合称为物体色。

4．漫射

光在传播过程中，受到物体的干涉而产生散射，对物体的表面色有一定的影响。

5．折射

光在传播过程中，通过不同物体时产生了方向变化，称为折射。反应在人眼中的色光同于物体色。

三、光源色

人们把能够发生电磁波的物体称为光源。光源分为自然光源与人工光源。太阳属主要的自然光源，灯光与火光属人工光源。由各种光源所发生的光的光波长短、强弱、比例性质不同会出现不同的色光，这种色光称之为光源色。如白炽灯的光所含的黄色和橙色波长的光比其他波长的光则多呈黄色味；荧光灯的光含蓝色波长的光则多呈蓝色味等。宇宙间由于发光体的千差万别所形成的光源色也各不相同。

四、物体色与固有色

1．物体色

物理学研究发现，物体表面并没有色彩，只有物质结构不同。物体之所以能显现出各种色彩，是由于光的作用。光作用于物体上之后，会出现吸收、反射、透射等现象，而各种物体结构的差异性使之具有选择吸收、反射、透射色光的特性。多数情况下，人们所看到的是被物体表面反射回来的色光，这部分反射光的成分就是物体所表现的色彩，称物体色。比如，某物体在阳光下若只反射蓝色光，而其他色光都被吸收了，则该物体表面看上去就呈蓝色。若某一物体只反射或透射出红光，其他色光都被吸收了，则该物体给人的视觉反应就是红色的。一张白纸是由于它反射了所有的色光而呈白色；一块墨是因为它吸收了所有的色光故称黑色。从理论上说白色与黑色是这样的道理，但实际上任何物体对色光都不可能全部吸收或全部反射，因此没有绝对的白色和绝对的黑色。常见的黑、白、灰是指物体色彩的明暗变化，是由物体对色光的反射率和吸收率形成的。白色的反射率是64%～92.3%；灰色的反射率是10%～64%；黑色吸收率是90%以上。

图2-3 光照射角度对物体色彩的影响

图 2-4　丝织物对光的反射能力较强

2.固有色

由于每一种物体对各种波长的光具有选择性的吸收与反射、透射的特殊功能，所以它们在相同条件下（如光源、距离、环境等因素相同），就具有相对不变的色彩差别。人们习惯于把白色阳光下物体呈现的色彩效果称之为固有色。如白光下的红花绿叶决不会在红光下仍然是红花绿叶，此时红花会显得更红些，而绿叶并不具备反射光的特性，相反它吸收红光，因此绿叶在红光下就呈黑色了。此时，感觉为黑色叶子的黑色仍可承认是绿叶在红光下的物体色，而绿叶之所以为绿叶，是因为常态光源（阳光）下呈绿色，绿色就约定成俗地被认为是绿叶的固有色。严格地说，所谓的固有色应是指"物体固有的物理属性"在常态光源下产生的色彩。

3.光照强度与光照角度对物体色的影响

光源色的光照强度，会对被照物体色产生影响。强光下的物体色会提高明度，而且色相与纯度同时也起了变化；弱光下的物体色会降低明度，同样色相和纯度也会发生变化。有时色光（日光）增强或减弱到一定程度时，物体会失去色彩视觉。如月光下的绿色

呈现得模糊晦暗，失去了色相感，接近黑色；反光强的有色物体在日光下，其高光几乎是白光。

光照的角度不同，会使物体表面色发生明度变化，而且在物体不同角度出现不同色相（图 2-3）。如白色的石膏体在日光下，迎光面是白色，侧面和背光面则呈现出不同程度的灰色。

总之，物体色既决定于光源的作用，又决定于物体内部的特性，它们是两个不可缺少的条件，互相依存、互相制约。

五、色光与服装面料色彩

服装面料的色彩取决于原料材质及其织物的组织形式。不同纤维织成的不同面料，对光的反射与吸收或透射能力各不相同，故而颜色不同，即便是用同一种染料染制，其颜色也不同。如麻织物表面粗糙，对光反射弱，因此色的明度与纯度均有降低现象；而丝织物表面光滑，对光的反射能力很强，所以它的色彩明度、纯度都偏高。不同织物的组织形式或是同样纤维织出的不同的组织形式，也可以形成不同的物体色。比如，缎纹组织的织物光感非常强烈，斜纹、平纹的织物光感较弱，凹凸纹织物的光感最弱。光感不同，颜色当然也不同（图 2-4）。

在不同光源的照射下，服装会演示出异彩纷呈的变化现象。下面以日光、普通灯光（橙黄味）、日光灯（淡蓝味）以及各种彩色灯光的光源来进行说明。

1.日光照射下的服装演色性

在不同的季节、天气、时刻（早、中、晚）条件下，日光都有不同的变化。例如，早晚的日光偏暖，中午日光发白，阴天雾天的日光偏冷青灰或黄灰色。日照光线的不同，必然导致服装色彩的变化。通常情况下，日光下的服装受光面色相倾向于光源色＋服装固有色，背光面色彩灰暗、纯度变低，色相亦有变化，与受光面明度差异更大，阴影部分色彩纯度很低，色相与受光面的成互补色倾向。

2.普通灯光照射下的服装演色性

普通灯光的色光是低纯度、橙黄味的暖色光。在这种色光照射下，服装色彩的色调比较统一，明度一般都会变低，而且不同的服装色彩，有不同的演色性。

红色服装的色彩，红色中增添了黄味；黄色服装的色彩，更加光亮，并且含有红味；橙色服装的色彩，色相不变，明度更高，纯度更纯，格外艳丽；绿色服装的色彩，变成灰暗浑浊的黄味绿色；青蓝色服装的色彩，变成灰青蓝色，明度、纯度都降低；紫色服装的色彩则变成接近黑色的暗紫色。

3. 日光灯照射下的服装演色性

白色日光灯（荧光灯）色光偏冷，带有淡淡的蓝味。在它照射下的服装色彩，同样具有演色性。

通常情况下，红色、橙色以及褐色系的服装色彩、色相没什么变化，但明度和纯度都会降低；黄色服装色彩变化不大；柠檬黄服装色彩则倾向蓝味；土黄类的色彩纯度会降低；绿色与蓝色系服装的色相不受日光灯影响，但是冷味会加浓，明度会偏高甚至生辉——沉着的光辉；紫色与紫色类系的服装色彩，会丧失一部分红味儿，偏向玫红味道。

4. 彩色灯光照射下服装演色性

表2-2 不同色相服装在不同色光照射下的演色状况

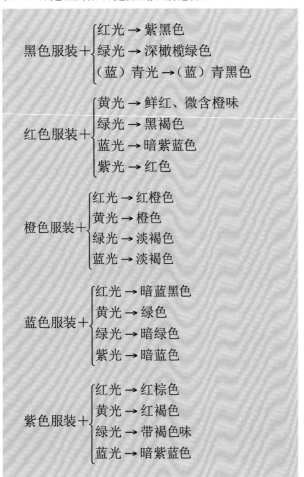

黑色服装＋	红光→紫黑色
	绿光→深橄榄绿色
	（蓝）青光→（蓝）青黑色
红色服装＋	黄光→鲜红、微含橙味
	绿光→黑褐色
	蓝光→暗紫蓝色
	紫光→红色
橙色服装＋	红光→红橙色
	黄光→橙色
	绿光→淡褐色
	蓝光→淡褐色
蓝色服装＋	红光→暗蓝黑色
	黄光→绿色
	绿光→暗绿色
	紫光→暗蓝色
紫色服装＋	红光→红棕色
	黄光→红褐色
	绿光→带褐色味
	蓝光→暗紫蓝色

彩色灯光在生活中应用广泛，如节日装饰、广告宣传用的霓虹灯，舞厅、舞台的灯光照明等，在夜的背景中光芒四射，异彩纷呈。在彩色灯光照射下服装演色性最为强烈。故而夜礼服、演出服的服装色彩选择必须考虑周全（表2-2）。

此外，如果服装色彩与灯光色相同或相似时，服装色彩就会更加鲜亮，即明度、纯度有提高现象；如果服装色彩与灯光色相异或为互补关系，受光后的原色就会变暗，明度、纯度会减弱。

第二节 三原色与混合色

一、三原色

1. 原色

色彩中不能再分解的基本色称为原色。原色能合成出其他色，而其他色不能还原出本来的原色。

牛顿最初把太阳光用三棱镜分解为红、橙、黄、绿、青、蓝、紫7个色，为光谱七原色。后来有人提出由红、橙、黄、绿、蓝、紫6个色组成，理由是青与蓝色光始终未能测定其确切的波长界限差值。关于七色和六色光谱的观点在色彩学中似乎至今未有定论。本书采用六色的观点，原因主要是用六色排出的色表与色环便于色彩原理的阐述。

用颜料配出和色光标准色相一致的6种色，定为颜料的标准色，即红、橙、黄、绿、蓝、紫。

2. 色光三原色

太阳的白光虽含有7种色光——红、橙、黄、绿、青、蓝、紫，但其中以红、绿、蓝三种色光最为基本，它们按不同比例互相混合，可以产生其余各种色光，还可以混合成白光，但它们却是其他色光所无法合成的。因此，将红、绿、蓝称作色光三原色。

3. 色彩三原色

利用红、黄、蓝三种颜料，可以混合出红、橙、黄、绿、青、蓝、紫7种色颜料，还可以混合出其他更多色颜料，所以红、黄、蓝为颜料三原色，即用其他色彩颜料混合不出来的色彩颜料。

二、混合色

用两种或几种色互相混合，称为色的混合。它

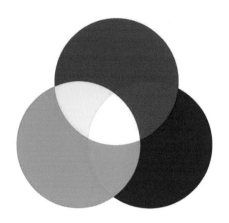

图 2-5 加色混合

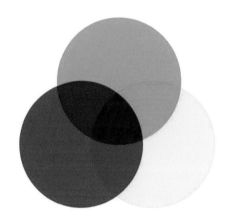

图 2-6 减色混合

有三种混合法：加色混合、减色混合和中性混合。

1. 加色混合（图 2-5）

加色混合就是色光的混合，随着混合量的增加，色光明度也逐渐加强。加色混合表现规律为：

（1）色光三原色同时相加，产生白光：红光 + 绿光 + 蓝光 = 白光。

（2）色光三原色分别两两相加，形成第一次间色色光：红光 + 绿光 = 黄光；红光 + 蓝光 = 品红光；蓝光 + 绿光 = 蓝绿光。

（3）用色光三原色与相邻间色光相加，形成第二次间色色光。如此类推，可得到近似光谱的色彩。

（4）色光三原色按不同比例混合可形成更多色光。如红光与蓝光按不同比例混合可得出品红、红紫、紫色光；蓝光与绿光按不同比例混合得出绿蓝、青、青绿光；红光与绿光按不同比例混合可得出红橙、橙、橙黄、黄绿光。

加色混合效果是由人的器官来完成的，是色光直接作用于人的色觉的结果。加色混合的结果是色相、明度的改变，而纯度不变。

2. 减色混合（图 2-6）

颜料三原色相加是光度的减弱，称为减色混合。各种有关物体（包括色料）之所以能显色，都是因为物体对光谱中色光选择吸收和反射的作用。"吸收"即"减去"的意思，当两种以上的色料相混合或重叠时，相当于白光减去各种色料的吸收光，其剩余部分的反射色光混合结果就是色料混合和重叠产生的颜色。色料混合种数愈多，相应的反射光量也愈少，最后将趋于黑浊色。因此，颜料混合是吸光能力的综合，色相不同的颜料混合则使它们吸光能力加强，反射能力削弱。

减色混合表现规律为：

（1）颜料红、黄、蓝按不同比例进行混合可得一切色彩。因此，这三原色即为第一次色。

（2）三原色中两种不同颜料相混形成间色，即第二次色：红 + 黄 = 橙；蓝 + 红 = 紫；黄 + 蓝 = 绿。

（3）各间色分别与相邻三原色相混形成复色，即第三次色，如棕、橄榄绿、咖啡色等。

根据三原色原理，不同比例颜料可以混合出一切颜色，但在实际应用中仅用三原色去调配一切颜色是难以办到的。这是因为颜料中除了显示色彩外，还有填充剂。另外，透明与不透明两大类颜料之间也存在着混合方式的差异。不透明的颜料只能通过两种或几种颜料直接混合才能产生新的色，而透明色除了颜料直接混合外，还能以分层罩合的办法来产生新色。如蓝色上罩一层黄可得绿色，红色上罩一层蓝色可得紫色。当然这种方法要求色层薄，透明度高，不然不够明显。最常用的不透明色是水粉色和油画色。透明色是水彩色、马克笔色等。

3. 中性混合

中性混合包括回旋板的混合（平均混合）与空间混合（并置混合）。它与色光的混合有相同之处，也是色光传入人眼在视网膜信息传递过程中形成的色彩混合效果。

（1）回旋板混合（图 2-7）。我们把红色和绿色按一定比例涂在回旋板上，回旋板高速旋转，这时

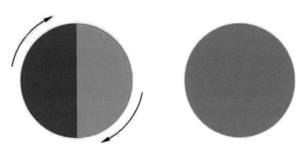

图2-7 红绿两块颜色的旋转，混合生成橙红色

回旋板上显示出发灰的红橙色，这是由于红、绿两色经回旋板快速旋转后使红绿两色反复刺激视网膜同一部位，两色交替反复不断，在视网膜上形成红、绿两色光混合而产生红橙灰色的感觉。这种混合的效果，色相变化上近似于加色混合，在明度上是混合色的平均明度，因此属中性混合。

（2）空间混合（图2-8）。在同一平面上的不同色（色点、色线、色面）并置在一定的距离观察时，它们的反射光投到视网膜上同一部位引起一种新的色相感觉。这种依空间距离产生新色的混合方法，称之为空间混合。

色彩空间混合的特点有：

a. 近看色彩丰富，远看色调统一，不同的视觉距离有不同的色彩效果；

b. 色彩有颤动感，适合表现光感；

c. 变化混合色的比例，可使用少量色得到配色多的效果。

色彩空间混合的规律有：

a. 凡互为补色关系的色彩按一定比例进行空间混合，可得到无彩色系的灰和有彩色系的灰。如红与青绿的混合，可得到灰、红灰、绿灰。

b. 非补色关系的色彩空间混合，产生两色的中间色。如红与青的混合，可得到红紫、紫、青紫。

c. 有彩色系与无彩色系的色彩空间混合也会产生两色的中间色。如红与灰的混合，可得到不同纯度的红灰；红与白的混合，可得到不同明度的浅红。

d. 色彩空间混合时产生的新色，其明度相当于所混合色的中间明度。

e. 色彩并置产生空间混合是有条件的。混合色应该是细点、细浅，同时要成密集状。点子越小，线越细，混合的效果越明显。色彩并置产生空间混合的效果与视觉距离有关，必须在一定的视觉距离之外，才能产生混合。距离越远，效果越明显。

4. 补色

在物理学中称两种相加后呈白光的色光，以及两种混合成黑色或灰黑色的颜料色，为一对互补色。互为补色的颜色在色相环上处于直径两端的位置上（图2-9）。如红光与青光相加产生白光，绿光与品红光相加亦产生白光等；颜料中的品红与绿色相加出现灰黑色，黄色与蓝紫色相加亦产生灰黑色。

视觉残像的对应色彩也是补色关系。如果眼睛一直看着一个颜色，然后再去看别的地方的话，眼中就会看到刚才看到的颜色的补色。视觉残像的补色关系是人对色彩的心理平衡，也是视觉生理的重

图2-8 色彩空间混合

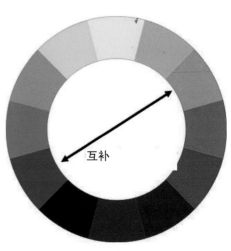

图2-9 互补色关系示意图

要基础。正如外科医生穿的手术服都是浅绿色一样，因为在手术中医生一直看着鲜红的血，就会被补色残像所产生的绿色导致精神无法集中，因此要用同样的绿色来缓和。

第三节 色彩的体系

为了认识、研究、应用色彩，把千变万化的色彩根据它们各自的特性，按一定的规律和秩序排列并加以命名，我们称之为色彩的体系。色彩体系的建立对于研究色彩的标准化、科学化、系统化以及实际应用，都具有重要的价值。

一、无彩色系与有彩色系

丰富多样的色彩是由无彩色系与有彩色系组成的。

1. 无彩色系

黑色和白色以及由黑、白两色相混的各种深浅不同的灰色系列，合称无彩色系。由白渐变到浅灰、中灰、深灰直到黑色，在色度学上称黑白系列。黑白系列是用一条垂直轴表示的，一端是白，另一端是黑，中间是各种过渡的灰色。无彩色系没有色相与纯度，两者皆为0，只有明度的变化。

2. 有彩色系

可见光谱中的全部色彩都属于有彩色系。包括红、橙、黄、绿、青、蓝、紫及它们之间相互混合所产生的各色和与黑、白、灰混合所产生的色。有彩色系的任何一种色彩都具有明度、纯度、色相这三种色彩属性。

二、色彩三属性

1. 色相（Hue）

色相是色彩相貌特征的名称。色相的色别不同，通常以色名来区分，如朱红、翠绿、宝石蓝等。在色体系中还用符号或数字来表示。

色彩的相貌是以红、橙、黄、绿、蓝、紫的光谱色为基本色相的。光谱色的排列有一种互为关联的秩序，我们把所有色组成的一个环状，称为色相环。色相环体现了色的循环性的秩序。因色相环中的色是各色相的最高纯度，所以又称纯色色环。色相环可分为6色相环、12色相环（图2-10）、24色相环（图2-11）。

12色相环是色彩学家伊顿设计的，其优点是：不但12色相具有相同的间隔，同时6对补色也分别置于直径两端的对立位置上（180°直线关系上）。因此，初学者可以轻而易举地辨认出12色的任何一种，而且也可以十分清楚地知道"三原色—间色—12色相环"的产生过程。

2. 明度（Value）

明度是指色彩的明暗程度。它是由色彩光波的振幅决定的。由于各种色彩光波的振幅大小的区别而形成了色彩的明暗有强弱之分。

在无彩色系中，明度最高的是白色，明度最低的是黑色，这也是颜料的明暗两级。

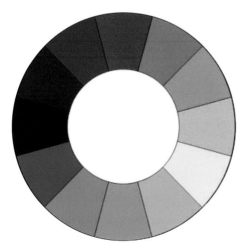

图2-10 12色相环

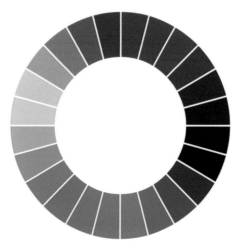

图2-11 24色相环

有彩色系中明度有两种情况：

（1）同一种色相的变化。因光源强弱不同而产生的明度变化；因加入不同比例的黑、白、灰而产生的明度变化。

（2）各种不同色相间的明度不同。每一种色相都有其相应的明度。色相间的不同明度是指它们处于各自色相最高纯度时而言的。在色彩中，明度最高的是黄色，明度最低的是紫色。

色彩中明度的变化会影响纯度的减弱，某一纯色加白提高明度，加黑降低明度，二者都将引起该色相纯度降低。

3.纯度（Chroma）

纯度是指色彩的鲜浊程度，又称彩度、饱和度、鲜艳度、含灰度等。纯度取决于色彩中包含的单种标准色的比例，其比例越大，色彩纯度越高，反之纯度越低。当一种色彩加入黑、白或其他颜色时，纯度就产生变化。加入色越多，纯度越低。

不同色相所能达到的纯度不同，其中红色纯度为最高，绿色相对较低，其余色相居中，无彩色系纯度为0。

物体色的纯度与物体表面结构有关。表面粗糙，光的漫反射作用会使色彩纯度降低；表面光滑，纯度就高。

将一个纯色加白，使其纯度渐渐降低，所得到的淡色称为明色；将纯色逐渐加黑，使色彩变暗，纯度降低，所得到的色称暗色。明色、暗色、均称为清色。将纯色中加入黑与白调成的灰色，纯度迅速降低，所得色称为浊色。浊色与清色相比较，明度上可以一样，但纯度上浊色比清色要灰。

另外，色相的纯度、明度不能成正比，纯度高不等于明度高，而是呈现特定的明度。

三、色调

色调是指整体色彩外观的重要特征与基本倾向。色调是由色彩的明度、色相、纯度三要素综合而形成的，其中某种因素起主导作用，就可以称为某种色调。

以色彩的明度来分，有明色调（高调）、暗色调（低调）、灰色调（中调）。如果要把明度与色相结合起来，又有对比强烈色调（包括色相强对比）、柔和色调（明度、色相差小的）、明快色调（明度较高的类似色为主的配色）等。

从色彩的色相上来分，有红色调、黄色调、绿色调、蓝色调、紫色调等。从色彩的纯度上来分，有清色调（纯色加白或加黑）、浊色调（纯色加灰）。把纯度与明度结合起来，又可分明清色调、中清色调、暗清色调。从色彩的色性上来分，有暖色调、冷色调、中性色调等。

在服装色彩设计中，色调体现了设计者的感情、趣味、意境等心理要求，更体现了色彩造型能力的强弱。具有美好感受的设计艺术，它的色彩无不具有一种整体的基本色调。好的色调是整体研究和处理色彩中的三属性而形成的，也就是说，必须用各个色彩及其属性关系构成一种具有有机联系的整体色调。色彩的联想不只是发生在色相环纯色相上，一切具有不同色相、纯度、明度变化的色彩都能唤起观者的不同联想情感。

色调所引起的联想有：

鲜调——兴奋、生动、华丽、悦人、花哨、阳和、自由、动感、积极、健康；

亮调——年轻、阳和、光辉、新鲜、开朗、女性化、华丽、健康、幸福、愉快、清澈、新潮、甜蜜、细腻；

浅调——清爽、简洁、柔弱、安定、成熟、明媚、开朗、愉快；

涩调——安稳、柔弱、朦胧、沉着、平静、朴实；

淡调——明亮、凉爽、清澈、开朗、浪漫、甜蜜、幸福；

暗调——朴实、老成、老练、深邃、硬、强、充实、男性化、稳重、沉着、结实；

浅浊调——干脆、简洁、柔弱、消极、成熟；

浊调——深沉、质朴、柔弱、消极、成熟。

四、色立体

色彩体系中的所有色彩以三维空间立体模型展现其色相、明度、纯度三者之间关系的形式，称之为色立体。色立体是用旋转直角坐标的方法组成的一个类似球体的立体模型。色立体结构大致可借用地球仪来说明：连接两级而贯穿中心的轴为明度轴（表示明度），北极为白色，南极为黑色。球的中心为正灰。球表面一点到中心轴的垂直线，表示纯度系列，南半球是深色系,北半球为明色系。赤道上表示色相环的位置。球表面是纯色及以纯色加黑或加白而形成的清色系,球内部除中心轴外是纯色加灰而形成的浊色系。与中心轴相垂直的圆的直径两端的色为补色关系。这是理想化的色立体。一般色立体各有不同,但基本上都建立在这种原理的基础上。

1．蒙赛尔色立体(图2-12)

蒙赛尔(Albert H. Munsell)色立体创立于1905年。蒙赛尔色系是基于色彩三属性,并结合人的色彩视觉心理因素而制定的色彩体系。经多年的科学测定和修订完善,这一色彩表述法被人们研究最为彻底,用得最为普遍。1943年美国国家标准局和美国光学会修订出版的蒙赛尔色谱,分光泽色与无光泽色两种,每种均有40个色相与80个色相两种版本。

蒙赛尔色相环以5个基本色相组成,即红(R)、黄(Y)、绿(G)、蓝(B)、紫(P),在邻近的两个色相之间再分别加入黄红(YR)、黄绿(YG)、蓝绿(BG)、蓝紫(BP)、红紫(RP),构成10个主要色相。每一主要色相又各自划分成10个等份,总共有100个色相刻度。例如,红(R)、以1R、2R10R为标志,且以5R为主要色的标志,5BP是蓝紫色的主要色标志,5G是绿色的主要标志。10个主要色相又各分为2.5、5、7.5、10共4个色相编号,形成10个色相,其色相环的直径两端的一对色相构成互补色关系。色相排列顺序是按光谱色作顺时针方向系列排列。

蒙赛尔色立体的中心轴为黑—灰—白的明暗系列,以此作为有彩色系各色的明度标尺。黑为0级,白为10级,中间1~9级等分明度的深浅灰色。由中性色黑、白、灰组成的这一中心轴以N为标志,黑以B或BL、白以W为标志。自色立体中心轴至表层的横向水平线构成纯度轴,以渐增的等间隔均分为若干纯度等级,中心轴纯度为0,横向越接近纯色则纯度越高。

蒙赛尔色彩体系由色相(H)、明度(V)、纯度(C)来表示的。其色彩记号是HV/C。如:纯色相红、黄的色彩记号分别为5R4/14及5Y8/12。由于各纯色的明度值不一,且色立体中各纯色相又必须以其明度值与中心轴明度标尺等级对应,因此,色相环在这个色立体中表现为倾斜状,而并非如"赤道线"那样水平放置,各纯色相的纯度值也高低不一,与中心轴水平距离长短不等。如红的纯度是14级,而蓝绿色的纯度只有8级,这样就形成了凹凸起伏的不规则的球体形状。此球体通过中心轴的纵剖面展示了其基本结构及色彩三属性的基本关系。因其形似树,故有时称之为色树。色树展示了明度中心轴及左右两侧的一对互为补色的色相,同一侧为同一色相的各色组成的等色相面,横向水平线上的色组为同一明度的纯度系列,纵向直线上的色组为同一纯度的明度系列。

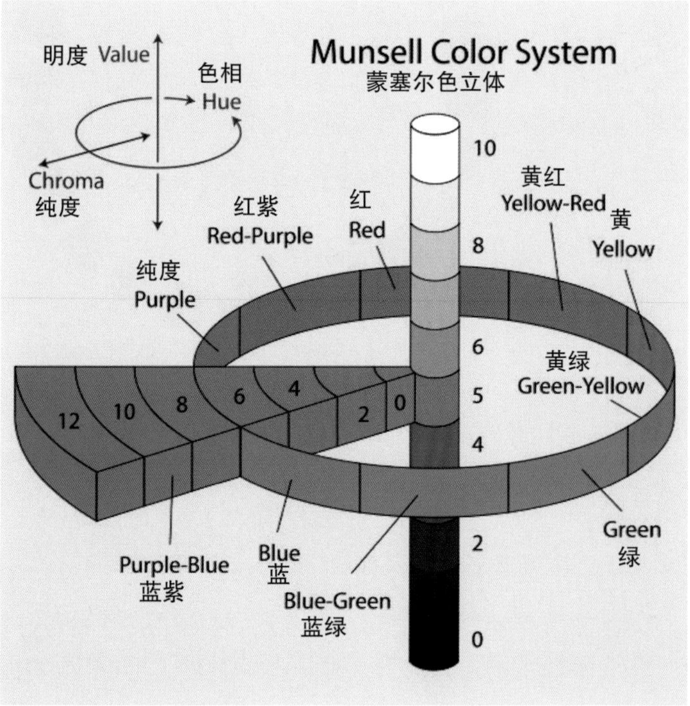

10个标准色相的符号分别如下:

红色——5R4/14;

黄红——5YR6/12;

黄色——5Y8/12;

黄绿——5YG7/10;

绿色——5G5/8;

蓝绿——5BG5/6;

蓝色——5B4/8;

蓝紫——5BP3/12;

紫色——5P4/12;

图2-12 蒙塞尔色立体示意图

红紫——5RP4/12。

2. 奥斯特瓦德色立体

奥斯特瓦德 (F.Wilhelm Ostwald) 色立体创立于1920年。1921年出版的《奥斯特瓦德色系图册》，后经过修订成为现在通用的色彩体系，又称为奥氏色立体（图2-13）。

奥斯特瓦德色立体的垂直轴为明度系列，共分为8个阶段，从顶端的白到底部的黑分别以字母 a、c、e、g、i、l、n、p 表示。每个字母均表示一定的含白量和含黑量。a—含白量最高，含黑量最低；p—含黑量最高，含白量最低（表2-3）。

奥斯特瓦德色相环引用了埃瓦尔德·赫林的四色学说，是从黄与蓝、红与绿两对成对补色设想的。奥斯特瓦德色相环以黄 (Y)、橙 (O)、红 (R)、紫 (P)、群青 (UB)、绿蓝 (T)、海绿 (SG)、叶绿 (LG) 为8个基本色相，每一基本色相三等分 (C1、2、3为标志)，代表色相为2，组成24色相环，色相排序以逆时针方式系列排序，但按顺时针方向自黄至绿将各色相以1 ～ 24的编号标定（图2-14）。

奥斯特瓦德色立体以明暗系列中心轴的直线为三角形的一边，作一个等边三角形，外侧顶端为全色，以此为标志，将每条边线分为8等份，并作平等的连接线，构成28个菱形色区，每一色区标以含黑、含白量的记号，由两个字母表示，并由此可计算出纯色量。其色彩表述法是：色相号 / 含白量 / 含黑量，计算方法为纯色量 + 含白量 + 含黑量 = 100%（总色量）。例如，色彩记号16ga，查奥氏相环可知16是鲜蓝色的编号，g 表示 22% 的含白量，a 表示 11% 的含黑量，由此可得，100%（总色量）－ 22%（含白量）－ 11%（含量）= 67%（纯色量）。奥斯特瓦德色立体的每个纯色单页都称为三角色立体表。

在奥氏色立体中的三角形中，在 a 与 pa 的连接线（或以下的平行线）上各色的含黑量相等，属等黑量序列；在 p 与 pa 的连接线（或以上的平行线）上

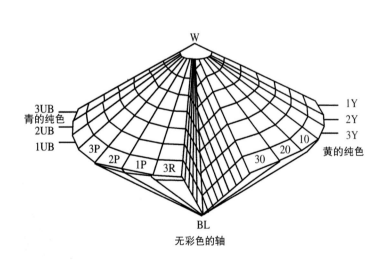

图2-13 奥斯特瓦德色立体模型

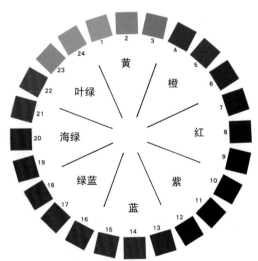

图2-14 奥斯特瓦德色相环

表2-3 奥斯特瓦德明暗系列中心轴的含白量和含黑量（%）

记　号	a	c	e	g	i	l	n	p
含白量	89	56	35	22	14	8.9	5.6	3.5
含黑量	11	44	65	78	86	91.1	94.4	96.5

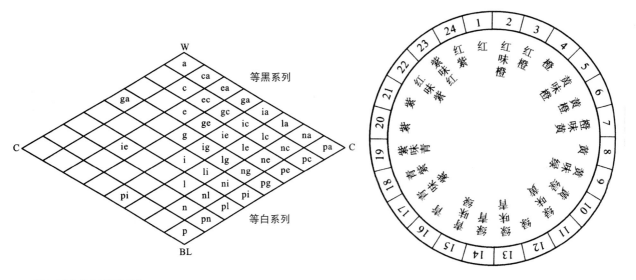

图 2-15 奥斯特瓦德色三角 | 图 2-16 日本色彩研究所色相环

各色的含白量相等,属于等白量序列;与明度中心轴平行的纵线上各色纯度相等,为等纯度序列;不同色相而处同一色域的各色,其含白、含黑及纯色量均同一,为等色调序列(图 2-15)。

以明度中心轴为轴心,将等色相面的色三角旋转 360°,即构成以色相环水平放置面外形为规则的复圆锥体状的奥斯特瓦德色立体。

3. 日本色彩研究所的色立体

日本色彩研究所的色立体,是指 1951 年日本色彩研究所制作的标准色彩体系。其色相是以红、橙、黄、绿、蓝、紫 6 个主要色相为基础,并调成 24 个色相的色相环(图 2-16)。

日本色彩研究所色相环表示法为:1—红,2—红味橙,3—红橙,4—橙,5—黄味绿,6—黄橙,7—橙味黄,8—黄,9—黄味绿,10—黄绿,11—绿味黄,12—绿,13—绿味青,14—绿青,15—青味绿,16—青,17—青味紫,18—青紫,19—紫味青,20—紫,21—紫,22—红味紫,23—紫味红,24—红紫。此色环因为注重等差感觉,故称为等差色环。其中互为补色关系的色彩,不能在直径两端位置。为了弥补这个缺点,色彩研究所另备有专门的 12 色相补色色环。

日本色彩研究所研究色立体的明度表示法,是将黑定为 10,白定为 20,中间有 9 个阶段的灰色系列,总共为 11 个阶段。纯度的表示与蒙赛尔色立体相似,距离无彩色轴越远,纯度比值越大,但分割的比例与蒙赛尔色立体有差别。根据色相、明度的不同,红纯色的纯度为 10,是最高的(图 2-17)。色彩表示法是:色相—明度—纯度。例如,4—14—4,其中 4 表示色相为橙色,14 代表比中明度还暗点的明

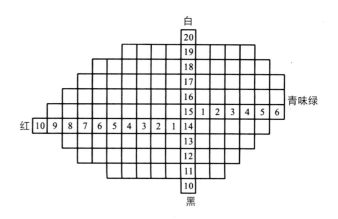

图 2-17 日本色彩研究所色立体纵断面

度,4 代表纯度介于最高纯色与无彩色轴之间。整个看起来,此色接近于棕褐色(图 2-18)。

色立体为设计者提供了成百上千块按次序排列的颜色标样,好似一部"色彩大辞典"。虽然每一个人对色彩都有主观偏爱,在色彩使用上亦会局限某个范围,但色立体几乎包括了全部色彩样卡,为每一位色彩使用者提供了丰富的"色彩词汇",使他们可以用来拓宽用色视域,创造新的色彩思路。

　　色立体是按照一定的秩序排列的，色相、纯度、明度秩序都组织得非常严密，形象地展现了三属性的相互关系，有助于色彩分类以及对色彩规律的理解与应用。由此建立的标准化色谱，对于色彩的使用和管理带来了很大的方便，尤其对颜料制造和着色物品的工业化生产标准的确定更为重要。

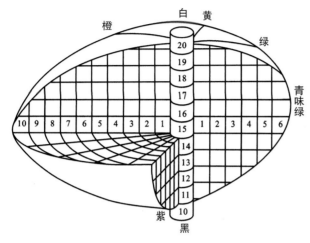

图 2-18 日本色彩研究所色立体

第三章 色彩的视觉传达

服装的色彩现象作为客观存在作用于人的视觉后，形成人们对色彩的感觉。人的色彩感觉大体上可以分为生理反应和心理反应。生理反应带有普遍性，而心理反应则因人而异。人们正是通过视觉的生理与心理的综合反应形成了对色彩的情感好恶，从而影响着对服装色彩审美的认知。

第一节 色彩的视错现象

人眼具有特定的趋向，即同一种形与色的物体处于不同的位置或环境时，会使人产生不同的视觉变化，这种现象称为视错。视错是一种视觉现象，并非客观存在，它是因人的大脑皮层对外界刺激物的分析发生困难而造成的。

色彩的视错是人眼的各种视错感觉之一。色彩是由物体的形来体现的。任何形体都具有空间、位置、大小、形态等因素。这些因素的不同，产生了物体色彩的色相、明度、纯度的变化，这些变化常给人造成色彩的视错效果。

一、色彩的膨胀收缩感

造成膨胀与收缩的原因有多种，但主要在于色光本身。波长长的暖色光与光度强的色光对眼睛成像的作用力强，从而使视网膜接收这类色光时产生扩散性，造成成像的边缘线出现模糊带，产生膨胀感。反之，波长短的冷色光或光度弱的色光则成像清晰，对比之下有收缩感。与几块色块并置在一起时，色的膨胀感觉更强烈，这是一种错觉。比如将一根等粗的棍棒，一头涂成红色，另一头涂成蓝色，人眼看起来会觉得红的一头粗而蓝的一头细。

法国国旗由红、白、蓝三色并置组成，原设计为三色块等大，但看起来总感觉不一般大，即白的最宽、蓝的最窄。后来把三色块的宽度比调整为红：白：蓝 = 33：30：37之后，才感觉三色块面积等大（图

图 3-1 三色块宽度比调整后的法国国旗

3-1）。服装色彩的视错觉被广泛利用在体形的塑造方面，例如白色的膨胀感与黑色的收缩感在服装设计中的巧妙运用会对服装的体量感产生很大的影响（图3-2）。

二、色彩的前进后退感

离人们等距离的两种颜色，人们往往会在距离上判断失误，感觉一种颜色离自己较近，另一种颜色则较远。造成这种颜色产生前进与后退感觉的原因是，人眼晶状体对色彩的成像调节所致，波长长的暖色在视网膜上形成内侧映像，波长短的冷色则形成外侧映像。比如在蓝底色上画一个黄色圆，会明显地感到圆在底的上面；但如果在黄底色上画一个蓝色的圆，会感到是在黄色纸上开了一个洞，下面衬了一张蓝色纸。

进退感是由色彩的色性、明度、纯度、面积等多种对比造成的。暖色、亮色、纯色有前进感；冷色、

图 3-2　白色具有膨胀感而黑色具有收缩感

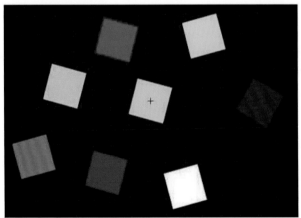

图 3-3 色彩的前进后退感

暗色、灰色有后退感。其中的色性与明度关系可以形成不同的排列。以标准色为例：色性排列以红最强，其次是橙、黄、绿、紫、蓝；明度排列则以黄最强，其次是橙、红、绿、蓝、紫。另外，面积对比很有影响。同等的红与绿并置时则红有前进感，若在大面积的红底上涂一小块绿色，则绿有前进感（图 3-3）。所以具体应用时要注意灵活掌握。

色彩的前进后退感应用也很广泛。如将狭小房间四壁刷上冷灰色，会感觉宽敞些；将其用在服装色彩配置上，可增加服装的层次感（图 3-4）。

三、色知觉恒常

当色知觉的条件（角度、照明度）在一定范围内改变时，色知觉映像仍保持相对稳定，这种现象称色知觉恒常。它一般有明度恒常、色恒常两种。

1. 明度恒常

当同时观察一个穿浅灰衣服的人站在阳光下和另一个穿白衣服的人站在阴影处时，把二者作比较会发现，虽然在阳光下浅灰衣服对光的反射量比在阴影处的白衣服对光的反射量多，但眼睛仍能看出阳光下的人穿的是浅灰衣服，而在阴影处的人穿的是白衣服。这种现象称为明度恒常。

2. 色恒常

当同时观察把一张白纸以红色光投照和把一张红纸以白光（全色光）投照时，把二者作比较会发现，虽然两张纸都成了红色，但眼睛仍能区分出前者为红光下的白纸，后者为红纸。这种把物体的固有色与照明光相区别的能力为色恒常。

图 3-4 色彩的前进后退感可增加服装的层次感

色知觉恒常现象有一定的存在条件。它与知觉经验有关，也与知觉对象所处的整体环境有关。在色彩失去比较条件或光的强度以及分光分布有过大变化时，就不存在色知觉恒常现象。

四、色彩的易见度

色彩在视觉中容易辨认的程度，称为色彩的易见度。色彩的易见度与光的高密度以及物体的面积大小都有很大关系。光亮度越大，易见度越高；物体面积越小，易见度越低。当物体处于光与面积不变的情况时，色彩的易见度决定于形色地色的明度、色相、纯度方面的对比关系，其中的明度对比与易见度的关系最大。由于人的视觉能力有一定限度，因此当色相、纯度、明度关系对比强时，易见度就高；反之，对比弱时则易见度低。

科学家根据在不同的色彩背景上涂有 5mm 直径大小的点来测定并发现：在黑色的背景上，黄色点的可见距离为 13.5m，红色点的为 6m，紫色点的为 2.5m；在黄色背景上，紫色点的可见距离为 12.5m，紫红色点的为 9m；在青色背景上，黄色点的易见距离为 11.9cm，红色点的为 3m，紫红色点的为 1.8cm；在红色背景上，黄色点的易见距离为 8.5cm，绿色点的为 1.2cm，紫色点的为 3.7cm。

日本佐藤亘宏认为：黑色背景上图形色的易见度高低顺序为白、黄、黄橙、黄绿、橙；白色背景上图形色的易见度高低顺序为黑、红、紫、红紫、蓝；红色背景上图形色的易见度高低顺序为白、黄、蓝、蓝绿、黄绿；蓝色背景上图形色的易见度顺序为白、黄、黄橙、橙；黄色背景上图形色的易见度高低顺序为黑、红、蓝、蓝紫、绿；绿色背景上图形色的易见度高低顺序为白、黄、红、黑、黄橙；紫色背景上图形色的易见度高低顺序为白、黄、黄绿、橙、黄橙；灰色背景上图形色的易见度高低顺序为黄、黄绿、橙、紫、蓝紫。

第二节　色彩的心理感知

当色彩即不同波长的光作用于人的视觉器官，在视网膜上产生刺激后，锥体细胞与杆体细胞就把这种光的信息通过视觉神经传入大脑，大脑经过思维，与以前的经验产生联系，得出结论。这种认识过程的产生与发展，在主体出现生理反应的同时引起情感、意志等一系列心理反映，就是色彩的视觉心理过程。色彩的各种情感表现就是随着色彩心理过程的形成而产生的。人类对色彩的心理感应存在着一定的共性。根据实验心理学研究表明，主要表现在以下几个方面。

图 3-5 色彩的冷暖感

一、色彩的冷暖感（图 3-5）

不同的色彩会产生不同的温度感。红、橙、黄色常常使人联想到太阳和火焰，因此有温暖的感觉，称为暖色系；蓝、青、蓝紫色常常使人联想到大海、天空，因此有寒冷的感觉，称为冷色系。凡是带红、橙、黄的色调称为暖色调，凡是带青、蓝、蓝紫的色调称为冷色调。绿和紫是不暖不冷的中性色。无彩色系中的白色是冷色，黑色是暖色，灰色是中性色。

色彩的冷暖是比较而言的。由于色彩的对比，其冷暖性质可能发生变化，如紫与红相比，紫显得冷一些，而紫与蓝相比，紫就显得暖一些。同属红色系，玫红比大红冷，而大红又比朱红冷；同属蓝色系，钴蓝比湖蓝暖，而群青又比钴蓝暖。因此，孤立地论色彩的冷暖是不确切的。

色彩的冷暖与明度变化有关。比如，加白提高明度，色彩变冷；加黑降低明度，色彩变暖。纯度高的色一般比纯度低的色要暖一些。色彩的冷暖还与物体表面的肌理有关。表面光亮的色倾向于冷，而粗糙的表面色倾向于暖。

暖色光使人兴奋，但容易使人感到疲劳和烦躁不安；冷色光使人镇静，但灰暗的冷色容易使人感到沉重、阴森、忧郁。只有清淡明快的色调才能给人轻松愉快的感觉。

二、色彩的轻重感

白色的物体轻飘，黑色的物体沉重，这种感觉也来自于生活中的体验，如白色的棉花是轻的，而黑色的金属是重的。色彩的轻重感主要决定于明度，高明度色具有轻感，低明度色具有重感，白色为最轻，黑色为最重。凡是加白提高明度的色彩变轻，凡是加黑降低明度的色彩变重（图3-6）。

色彩的轻重与色彩冷暖有关。纯度高的暖色、纯度低的冷色具有重感，反之则感觉比较轻。

物体的质感也对色彩的轻重感有一定的影响，物体有光泽、质感细密、坚硬，给人以重的感觉，而物体表面结构松软，就给人以轻的感觉（图3-7）。

三、色彩的明快与忧郁感

色彩的明快与忧郁感主要与明度与纯度有关，明度较高的鲜艳之色具有明快感，灰暗浑浊之色具有忧郁感。高明度基调的配色容易获得明快感，低明度基调的配色容易使人产生忧郁感。白与浅灰容易使人产生明快感，中明度的灰为中性色。色彩对比度的强弱也影响色彩的明快感与忧郁感。对比强者趋向明快，弱者趋向忧郁。纯色与白组合易产生明快感，浊色与黑组合易产生忧郁感（图3-8、图3-9）。

四、色彩的兴奋与沉静感

色彩的兴奋与沉静感取决于刺激视觉的强弱。在色相方面，红、橙、黄色具有兴奋感，青、蓝、蓝紫色具有沉静感，绿与紫为中性。偏暖的色系容易使人兴奋，偏冷的色系容易使人沉静。在明度方面，高明度之色具有兴奋感，低明度之色具有沉静感。在纯度方面，高纯度之色具有兴奋感，低纯度之色具有

图3-6 白色轻、黑色重

图3-7 不同材质的质地密度决定其不同的轻重感

图3-8 高明度基调配色具有明快感

图3-9 灰暗浑浊、对比微弱的配色显得忧郁

图3-10 色彩的兴奋感

图 3-11 色彩的沉静感　　　　　　　　　　图 3-12 华丽的服装色彩　　　　　　　　　　图 3-13 朴素的服装色彩

沉静感。色彩组合的对比强弱程度直接影响兴奋与沉静感，强者容易使人兴奋，弱者容易使人沉静（图3-10、图3-11）。

五、色彩的华丽与朴素感

色彩的华丽与朴素感，以色相关系为最大，其次是纯度和明度。红、黄等暖色和艳丽、明亮的色彩具有华丽感，青、蓝等冷色和浑浊而灰暗的色彩具有朴素感。有彩色系具有华丽感，无彩色系具有朴素感。

色彩的华丽与朴素感也与色彩组合有关。运用色相对比的配色具有华丽感，其中以补色组合为最华丽。为了增加色彩的华丽感，金银色的运用最为常见。所谓金碧辉煌、富丽堂皇的宫殿色彩，金银装饰是必不可少的（图3-12、图3-13）。

第三节　色彩的性格与表征

一、无彩色

1. 黑色（图3-14～图3-16）

黑色为全色相，也是没有纯度的色，与白色相比给人以暖的感觉。黑色在心理上是一个很特殊的色，它本身无刺激，但是与其他色彩配合均能取得很好的效果。黑色使人想到黑夜、黑暗、寂寞、神秘。黑色与白色相反，白色代表纯洁，黑色代表诡异，黑

色象征生活黑暗面的认识经验：邪恶、不幸和死亡，它还具有严肃、含蓄、庄重、解脱等表情。

对于所有颜色来讲，黑色就像一位宽厚的长者，它以自己谦让的性格，托映出其他色彩。古今中外都以黑色调和彩色，用黑色间隔开过强或过弱的配色，可以提高彩色的色感。沉稳的黑色能最有效地表现出可靠的、高品质的、机械性的意象。豪华的轿车、精密的电器产品多使用黑色。黑色是服饰中广泛使用着的颜色，从华贵的礼服到日常便服，黑色都可以用的恰到好处。宗教采用黑色服饰，表现谦卑、禁欲的思想，如道士、牧师的道袍和伊斯兰教女子包裹严实的黑袍。同时，黑色的庄重表现力以及低调、好搭配的特点被应用于西方人的礼服设计，黑色的燕尾服、西服、日常服装，是人们出席重要场合及正式场合的的时尚色彩。我国很多少数民族的服饰中都把黑色作为固定的配色之一，使众多原色组成的搭配，繁而不乱。在服饰的配色中，现代感的简洁意象是不能缺少黑色的。

现代黑色服装是富于个性的时尚服装。不同面料的黑色服装，可以展现不同的个性和审美取向。黑色的天鹅绒高贵，黑色的塔夫绸古典，黑色的蕾丝性感，黑色的乔其纱透明飘逸，黑色的皮革和漆皮既酷又炫。例如，黑色的皮革、橡胶与金属拉链、铆钉、别针的搭配，具有朋克风格。黑色的西服套装内衬白

图 3-14 简洁而现代的黑色礼服　　　　图 3-15 黑色纱的透明飘逸　　　　图 3-16 黑色蕾丝的性感

色荷叶边衬衫，领口装饰黑色蝴蝶结，则体现现代女性时装中潇洒、帅气的一面。

黑色作为无彩色，富有包容力，可以和任何色彩搭配，适合各个年龄段的人，但它对穿着者的气质、体形、肤色有一定的要求。单纯的黑色不适合刻板、瘦削、面色憔悴幽暗的人，除非通过其他颜色进行调节。通常，穿用黑色服装都强调妆色的明艳，同时应适当采用一些闪亮的饰品和配件作为服色搭配。黑与金、银色的搭配富有奢华意象。黑与红、黑与白，则是永恒的服装经典搭配色，既庄重又高贵。黑与浅橙、明黄、粉绿、荧光紫的搭配，时髦亮丽，具有视觉冲击性和异国情调。黑与暗蓝、赭石的搭配则比较沉闷。

2. 白色（图 3-17 ～图 3-19）

白色属无彩色系，为不含纯度的色，除因明度高而感觉冷外，基本为中性色，明视度及注目性方面都相当高。由于白色为全色相，能满足视觉的生理要求，与其他色彩混合或者搭配均能取得较好效果。白

图 3-17 白色象征正义与和平　　　　图 3-18 白色时装的飘逸高雅　　　　图 3-19 白色婚纱礼服的圣洁而与庄严

色象征着光明、纯洁、天真、神圣、正义、地位、失败，同时也给人以清洁、卫生、恬静、明快、朴素、单调、空虚之感。

白色服装具有悠久的历史和文化内涵，在不同的地域、时间、民族传统中具有不同的穿着意义。白色服装具有崇高、纯洁、高雅、飘逸、轻盈的意向，可以展现神圣、圣洁、无限、光明、未来的意义。希腊、罗马人以白色服装妆点希腊女神，穿着白色服装点燃奥林匹克圣火；基督教传统将白色服装视为圣母、上帝、天使等的服装色彩，用白色婚纱饰品展现婚姻的圣洁与庄严。还有朝鲜族人、藏族人、满族人、白族人、蒙古族人等也喜欢白色服饰，认为白色纯洁、高尚、吉祥。

但在中国汉族传统中，多以未经漂洗的白色麻织物、白花、白头绳作为丧服，体现悲哀、虚无、空旷、寂寞、死亡的气息。日本人在祭祀和葬礼中也身着洁白的服装，体现转世思想。在现代社会，白色服装可塑性强，适用面广，可以作为正规场合穿着的颜色，如西服、燕尾服就以白色衬衫、白背心、白领结、白手套、白手帕为规定色彩。此外，白色的晚装、套装也是高级时装的一大类型。由于白色洁净无瑕的特点，白色服装成为医护、餐饮业、实验室人员的行业制服。白色也是家居服、内衣、睡衣的首选颜色。白色明快、易搭配的特点，被运动装所普遍采用。白色服装因为色彩单纯，更适于表现精良的工艺细节和廓形设计。不同材质的白色服装，还具有不同的情感表现力，如白纱梦幻飘逸、白雪纺晶莹剔透、白亚麻朴素亲切、白毛绒雍容华贵。

白色可以与一切颜色相搭配，也与一切肤色相配。白与红、橘红搭配，具有运动感；白与金色、米色、褐色搭配，温文尔雅；白与绿搭配，清爽怡人；白与蓝搭配，给人轻快感；白与紫组合，体现浪漫气息。白色的服饰永远是流行的。

3. 灰色（图 3-20 ～图 3-22）

灰色明度变化幅度很大，介于白黑两色之间，有着丰富的层次。在表

图 3-20 银灰色与白色的搭配显得素雅

现中，灰色显示出既不抑制，也不强调的特点，给视觉带来一种平衡感，无论是在场景或是配色中，如果有灰色在，任何一个彩色都会变得活跃起来，显得更丰满、更淡薄。同时，灰色也是彻底的被动色，

图 3-21 暗灰色显得深沉而时尚　　　　　图 3-22 高档灰色材质搭配的高贵感

图 3-23 红色与金色搭配高贵奢华

是柔弱的、没有自主能力的色。它的表现效果很大程度上取决于对比色的性质。

　　灰色以中性、平和的特质使得大多数人乐于接受，灰色服装多用于显示稳健、自信和权威，故多用于传统性男西服以及中高档职业女装。白领女性穿着灰色套装，会体现成熟、干练的风采，给予人信赖感。灰色套装适合办公室、商务谈判等较为严肃的场合穿着。

　　浅灰色富有朦胧美，用于女装有高贵典雅的效果，当它与类似的色调或单纯的色彩组合时，更能表现出沉静、高雅的情调。年轻男子选用浅灰色，显得

英俊、洒脱。深灰色很容易和各种颜色搭配，可以展现成熟的美，适合成年男女的服色。但是与同色调配合会显得老气，所以，配色的重点是黑色与明亮的色调。如果与艳丽色搭配，会更有韵味。

　　暗灰色不显眼，但其丰富与深沉却是其他颜色所不能比拟的。暗灰色与皮肤的颜色有较大的明度差，所以适用面广，无论男女都能用。暗灰色容易与其他色协调，将暗灰色的套装配以白色、黑色饰物，不仅能给人以精干、沉着的印象，而且是一种时代感很强的穿着。若把用质地优良的布料精工制作的衣服与鲜艳色的衣物配合，则可隐隐透出华丽感、时髦感。

　　总之，灰色作为表现优雅、古典、高品位不可或缺的色彩，适合高档次的面料如羊绒、真丝、纯毛呢等。简洁的款式、考究的材质、精良的做工、精细的细节，能够充分显示灰色服装特有的品味。

二、有彩色

　　1. 红色（图 3-23 ~ 图 3-25）

　　红色的波长最长，对人视觉刺激性大，因而警示性较强。红色能使人血压增高，加速血液循环，当

图 3-24 红色充满健康与活力

图 3-25 不同明度与纯度的红色的搭配

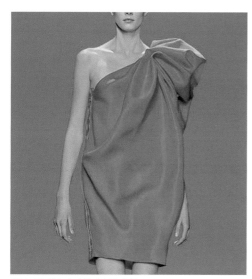

图 3-26 橙红色充满欢乐和激情

排拒反应强烈（如愤怒）的时候，看到红色就会产生激奋的情绪。红色使人联想到太阳、火焰、血液，象征着生命、力量、希望、幸福、青春、热情、健康、活力，是一种积极的色彩。但由于性格鲜明外露，也表现出幼稚、野蛮、卑俗、欲望、侵略、危险的一面。

当红色的对比环境发生变化时，也同样会使其自身性格发生变化。在暗粉红色上的红色起着平静和熄灭热情的作用；在绿蓝色上的红色像炽热的火焰；在黄绿色上的红色变成一种冒失、鲁莽的闯入者，调子响亮而又寻常；在柠檬黄色上的红色呈现出一种深暗的、受抑制的力量。红色具有很强的变调潜力，它可以在冷与暖、模糊与清晰、明与暗之间进行广泛的变化而不会毁坏其本身的特性。红色能表现出介于

邪恶与崇高之间的各种效果，如从在黑地上表现出恶魔般凶险的红橙色，到天使般可爱的粉红色。

红色系中依据色相的微妙差异可以分为多种不同的红色，其中较有代表性的除记号为 5R 的鲜红外，主要有朱红、玫红。朱红含有黄色的成分，温暖而热情，比鲜红明亮还更近于人情；玫红中含有一点蓝色，较鲜红清爽，略带矜持感；鲜红色介于朱红与玫红之间，色的表情不如前两者富于变化，但感觉更沉着些。作为富有强烈心理作用的色彩，不同明度不同纯度的红色具有不同的情感表现力。随着年龄的增长，女性的服色会从温暖的红色自然地转向雅致的红色，再发展向深红、暗红、暗浊红，这也是随着人的成熟度而色彩倾向发生变化，同时也是为了适合身份。在男性中，青少年多喜欢比较鲜明的红色，而成人则追求暗红色、浊红色。

红色与白色搭配有青春活跃感，红色与黑色搭配典雅庄重，红色与灰色搭配文雅妩媚，红色与橙、黄搭配具有辉煌、华丽感，红色与绿、蓝搭配醒目、漂亮。红色的服饰在各种场合中出现的几率很高，红色能适应不同性别不同年纪不同肤色的人，能够满足人多种功能性和活动性的需求，能够表现人们强烈的个性。

2. 橙色（图 3-26 ～图 3-28）

橙色波长仅次于红色，明度比红色高，它的视认性较高，注目性也很强，常用来作为安全衣，橙色即有红色的热情又有黄色的光明。橙色给人以光明、

图 3-27 橙黄色与黑色皮肤的搭配　　图 3-28 橙黄色表现出的朝气与活力

图 3-30 中黄色稳重之中焕发光彩

图 3-31 黄色丝织物光芒四射

图 3-29 淡黄色与白色搭配显得清新浪漫

温暖、华丽的体验，也会使人产生喜欢、兴奋、冲动的情感。它可以使人力量充沛，也会使人产生暴躁、嫉妒、疑惑的心理。橙色系包括金橙和橘红等。前者给人以明亮、高贵的感觉，而后者感觉新鲜，富有异国情调。橙色是年轻人非常偏爱的色彩，给人以热情奔放的印象，并以其亲和力而引起周围人群的关注。

橙色服装因其纯度高易引起视觉疲劳，在设计中应注意适度减少用色面积和减低色彩纯度。生活装和正式服装上的橙色面积不宜过大，其作为局部配色装饰，可以展现出都市化、开放和精明的形象。

橙色的服装充满热烈的气息，更多适用于年轻人和黑色人种。在服装中单独使用纯橙色的时候很少，除用于晚礼服外，橙色多与其他色彩组合。作用于运动装、旅游装或童装及少数职业装的橙色，是降低纯度来使用的。橙色用于女装花纹面料的配色能增添华丽感，若以浓厚的橙色为主与红、黄、黑、绿、茶等色作多色相调和配色，有浓重的异国情调。橙色与邻近的金色、黄色、咖啡色、黄绿色搭配，具有欢乐气息。橙色与黑色的搭配是警戒色，也是时髦的颜色。

3. 黄色（图 3-29 ~ 图 3-31）

黄色的波长居中，但从光亮度方面看，它是所有色相中最能发光的色彩，其明视度很高。同红色一样，黄色会提升血压、呼吸频率和心跳，但是影响较小。黄色象征光明、欢乐、年轻和希望，也会使人产生神圣、权力、富贵的感觉。

黄色是非常脆弱的，在混合中保持色相特征的能力极差，只要沾上无彩色立刻就失去自己的光彩。它尤其对黑色十分敏感，哪怕是很少量的黑色也会使它向绿色转化，变化成衰弱感的、不健康的混浊黄绿色。所以黄色不能在低明度区发挥作用，要保持黄色的表现力只能用纯色或接近纯色的高明度。与其他色相配，黄色容易受影响，变化无常，色性很不稳定。

黄色在不同色彩环境中的表现效果：白地上的黄色暗淡无光，白色将黄色推到一种从属位置；浅粉红地上的黄色呈绿味；橙色地上的黄色比橙色更纯、更亮；绿地上的黄色有射向外部感，比绿色更亮；红紫色地上的黄色呈病态感和冷淡感；中蓝色地上的黄色，虽明显但不和谐；红地上的黄色有一种强有力的不妥协感和概括感。

在黄色系中的各种黄色有着很大的差别。鲜艳的纯黄色是明晰、快捷的；柠檬黄中因含了一点绿色而显得清爽、洁净；中黄是浓味的烁烁有光的颜色，虽不如纯黄明亮，但感觉更灿烂；深黄仿佛是被浓缩过的艳丽而有些焦躁的，不如前几种黄色明亮。

由于历史文化的差异，黄色曾是中国古代帝王的专用服色，也曾是西方古代犯人的专用服色。佛教中的部分僧侣穿用黄色。

现代儿童服装经常采用黄色，特别是婴儿，也适用青春期少年。成年人偶尔也穿淡黄色，是希望呈现一种年轻和希望感。由于黄色有着较强的视觉冲击力，因此黄色服装主要应用在运动装和休闲装上，也会运用在危险作业的制服上。同样，在塑造华丽的女性形象时，穿用黄色的连身裙可以最大限度地吸引人们的视线。黄色服装明亮干净，适合肤色明亮干净的人以及肤色深暗黝黑的人。黄种人以及面容憔悴的人穿用黄色服装时，必须加强其与肤色的对比关系，可在肤色与服装的交界处用其他颜色间隔装饰。

黄色服装可以跟任何颜色配饰搭配适宜。黄色与白色、黑色、灰色搭配时尚庄重。黄色与米黄、橄榄绿组合，则色调柔和、典雅。黄色与黄绿色、绿色和橙色一起使用，既对比又统一，但色彩感觉燥烈俗气，必须处理好彼此的纯度和面积关系。黄色与蓝色的搭配是适合夏天的清爽配色。黄色配红色系则显得热情。

4. 绿色（图 3-32 ~ 图 3-34）

绿色的波长为中等。绿色明视度不高，刺激性不大，对生理心理作用都极为温和。绿色是大自然颜色，春天、树林、小草   绿色象征永远、和平、理想、年轻、友谊等。它给人以丰饶、充实、新鲜、平静、安全、可靠、纯朴、平凡等心理感受。

绿色有宽泛的色域，稳定的色性。绿色的意象随着色相由黄绿到青绿的渐变而微妙地演变着，最富生气。充满生长感的是黄绿色，这是新芽的颜色。黄味的绿草，增加了浓郁感。夏季浓重端庄的纯绿色，稳定而不矫饰。受到"蓝色吸引"的清静的蓝绿色，艳丽、洒脱。深绿色是带浊味的颜色，是深秋气息调和而成的高贵绿色，可展现古典的高尚知性。

绿色是儿童和青年人的服色，它能使人显得年轻，富有朝气。鲜艳的粉绿色常用于夏季服装。嫩绿、黄绿色多用于童装和青年装。含灰的橄榄绿、苔藓绿、青铜绿、浊绿色是成人的服色，与各种茶色搭配显得沉稳、优雅，被广泛运用于休闲服，若用于青年人的服饰上，可以配合米色、白色等，营造自在、潇洒的风格。海洋绿、孔雀绿、松石绿多用于时尚高端女装设计。虽然各个年龄层都可以穿用绿色，但年青人是绿色的主要倡导者。

邮政制服以绿色为国际通用色，许多国家陆军军服普遍用绿色作为保护色。

绿色配白色清爽健康，配黑色有神秘感。配灰色较为冷峻，与红色搭配抢眼，配粉彩色以对比色较好。在褐色系中以搭配肤色为最高雅。绿色与黄色、粉色一起搭配，具有清爽、春天的气息。绿色和紫色、棕红色进行搭配时，可以营造出自然、浪漫、现代感的形象。

5. 蓝色（图 3-35 ~ 图 3-37）

蓝色的波长较短，传播性较差。在冷暖感方面，蓝色是冷色的代表，与红色的积极热情相比，是消

图 3-32 富有青春气息的草绿色与黄绿色

图 3-33 蓝绿色艳丽洒脱，富有戏剧感

图 3-34 灰绿色搭配黑色腰饰，显得端庄大方

图 3-35 鲜蓝色服装   图 3-36 钴蓝服装   图 3-37 孔雀蓝服装

极的、内在的、收缩的。同时，蓝色又是清爽的、透明的，宛如萨克斯悠扬的乐声。蓝色给人以悠远感、深邃感，有如哲人超然的思想。蓝色是理智的象征，蓝色能收敛虚浮的心境，适合崇尚理性、内省精神的文化人。

蓝色具有色性稳定的特点。接近绿色系的清净的"土耳其蓝"是清爽漂亮的颜色；海蓝表现出绅士、潇洒感；带有紫味的群青，清冷、孤傲；普蓝比较沉稳、厚实；接近黑色的浊蓝则显得十分稳健、深沉。无论加白加黑，蓝色都能较好地保持色性，因为蓝色明度很低。所以变化主要是向高明度区域发展，从暗蓝到浅蓝有相当多的层次。

在不断变化的色彩对比中，蓝色同样显示出其复杂的表情：黄地上蓝色效果很暗，没有光度；黑地上蓝色以明快纯正的力量闪光；淡紫红地上蓝色畏缩空虚而无能；暗褐色地上蓝色被褐色激发，同时使褐色复苏；橙色地上蓝色在维持自身暗色的同时，发出光亮；绿色地上蓝色明显向红色转移。

明亮的淡蓝色富有早春柔和的气息，被普遍运用在夏季服装上。淡蓝色配白色配饰显得清爽，配黄色系等艳丽色配饰作点缀，别有韵味，配黑色则典雅大方。天蓝色可搭配任何粉彩色，可营造浪漫意象。深蓝色正装可以有效地塑造出端庄、干练的都市形象。深蓝色服装适合搭配白色配饰，同灰色、黑色相

搭配则比较传统、抑郁，与对比色相的艳丽色、粉彩色、深色搭配比较协调。深蓝色通常被用于职业装、学生服、警察服、海军服。

蓝色是世界上服色应用最广泛的一种，有幽静沉郁之感，有沉着的性格。深蓝色使老年人显得高尚、文雅，年轻人显得正直、诚实。

因为蓝色是朴素的色彩，与蓝色服装搭配的色彩可具有一定的光泽。蓝色与浅紫色搭配，有微妙诗意感；蓝色与红色搭配，则妖媚鲜活；蓝色与橙色、黄色搭配，活泼、俏丽。

6. 紫色（图 3-38 ~ 图 3-40）

图 3-38 紫色晚礼服搭豹纹披肩   图 3-39 淡紫色薄纱清雅含蓄

图 3-40 紫色漆皮光亮时尚

　　紫色波长最短，是所有色相中明度最低、最安静的色彩。作为黄色或称知觉色的相对色，紫色属非知觉色。紫色富有神秘、庄严、高贵、孤独、优雅、惋惜之感。在与不同色彩对比中，紫色时而富有威胁性，时而又富有鼓舞性。

　　淡紫色给人以女性化、清雅、含蓄、羞涩、娇气之感；暗紫色表示蒙昧、迷信、虚伪；灰紫色表示忏悔、矛盾、衰老、厌弃、腐烂；蓝紫色表现孤独与献身；红紫色表现神圣的爱和精神的统辖领域。

　　淡紫色和紫罗兰色一直是贵族气质和神秘形象的代表色。原本紫色是服装上最昂贵的色彩，因为紫色染料来自很稀有的贝类。历史上很多国家将紫色的着装权利保留给皇室。

　　蓝紫色和紫红色象征财富和典雅，适合宴会礼服；混合白色的紫色，意味着特殊的优雅，以及对艺术或情感的感受性；穿淡紫色衬衫的男士和紫丁香礼服的女士，显然比穿蓝色或粉色的同辈具有更佳的认知力和更高雅的品味；当紫色配上灰色，敏感度增加而且更为暧昧；朦胧的淡紫色和紫罗兰色是梦幻和幻影、幻觉和魔法的色彩。

　　7. 褐色（图 3-41 ～图 3-43）

　　褐色是一种十分特殊的色彩，因为在无彩色系和有彩色系中均无褐色。褐色属于中间色，从红褐色到黄褐色，以及赭石、棕色、咖啡色等，有很多种渐变和色调。它常常被联想到大自然的事物，如土地、岩石、沙漠以及动物毛皮、某些食物等。褐色会给人以原始、自然、肥沃、浑厚、古旧、寂寞、成熟、稳定、谦逊的感觉。

　　褐色服装具有的朴素之感，可以塑造忠厚的形象，但缺乏生动感，如果与黑色或一些鲜明色彩的配饰进行搭配，便能增添朝气和活动。褐色服装最适合秋天，也适合春夏。

　　深褐色可以与其他浅淡的配饰颜色进行丰富的色彩组合。如红色、黄色、橙色能够为暗褐色增亮且看起来如同秋色一样丰富自然；褐色搭配绿色配饰，有泥土和森林气息；褐色搭配薄荷绿会显得很潮湿；暗褐色和蓝色明暗对比强烈，韵味十足；褐色与白色配饰搭配，比较文雅，富有书卷气息，引人注意；褐色与灰色、黑色搭配，典雅庄重。不同明度和纯度的棕色互相搭配，浑然天成，最适合白色人种。

　　三、特殊色

　　1. 金色（图 3-44 ～图 3-46）

　　金色是金子的色泽。在服饰或绘画、雕塑中是直接使用这种贵重金属材料或类似色泽的金属代用品。金色的美感来自它的光辉，象征着富裕、权力。皇族通常用金色制作衣服，象征高贵、光荣、华丽、辉煌的地位和身份。

图 3-41 具有光泽度的褐色华贵而典雅

图 3-42 不同明度、纯度的褐色皮革拼接

图 3-43 暗褐色沉稳庄重

图 3-44 金色礼服　　　图 3-45　Ralph Lauren 金色服装设计　　　图 3-46　三宅一生的金银色男装设计

　　金色具有极醒目的作用和炫辉感，特别是在各种颜色配置不协调的情况下，使用金色会令矛盾色彩和谐起来，并展现出光明、华丽、辉煌的视觉效果。一般的色彩象征意义都具有积极和消极两重性，而在金色的世界范围内，几乎都具有积极性作用。

　　金色因不同材料的质地、光度、色彩的饱和度而可能产生万千的变化。金色非常亮，抢眼，属于膨胀色，容易将着装者的优点和缺点都放大出来。

　　金色最适宜配中咖啡色、白色、银色。另外，杏黄色与驼色也是与金色十分合谐的搭配，因为驼色与咖啡色可以中和金色的强烈气氛，给人以沉稳、平静、纯朴的感觉，适宜较为庄重的场合。杏黄色与金色相配则比较轻快、柔和。白色与金色搭配具有透明度，可以再添加色彩较浓的小配件。金色与宝蓝色搭配对比强烈，金色与黑色相配显得高贵而神秘。金色与紫色搭配能彰显出低调奢华的美感。

　　2. 银色（图 3-47、图 3-48）

　　银色发出灰色的金属光泽。有光泽的灰色称为银色。银色为冷色，与金色相比，显得平和，易于驾驭。银色高雅，具有现代性。反映未来、机械、科幻等常用银色，仿佛具有一种漠然的感觉。银色因有折光性，色彩闪烁迷离、若隐若现，具有特殊变化和装饰效果。在高科技新型面料中经常使用银色，如亚银、闪银等金属色构成的前卫风格、未来风格，使服装更加具有奇光异彩。

图 3-47 银色服装与饰品

图 3-48 银色的梦幻感

第四章　色彩搭配的基本形式

色相、明度、纯度是色彩搭配的基本因素，三者之间不同量的变化、组合、搭配构成了服装色彩美的基础。在服装色彩设计中，经常采用以色相为主体、以明度为主体、以纯度为主体的三种配色为基本的配色形式。

第一节　色相配色

色相配色是指用不同色相相配而取得变化效果的配色方法。与明度差、纯度差变化相比，它较为明显，在服装色彩视觉效果中往往会起到导向作用。

色相配色形式取决于在色相环上的色相之间的夹角大小。以 24 色相环为例，在色相环上任选一色作为基色，根据距基色的夹角大小，可以把对比的色相分为相邻色、类似色、中差色、对比色、互补色等（图 4-1）。因此，服装配色中的色相基调，可根据色相间夹角大小，分为以下几种色相配置形式。

一、相邻色相配色

色相环上相邻色(色相间夹角15° 左右)的配色，是色相差很小的一种配色（图 4-2）。这种色相组合单纯，色相差别小，色相调性极为明确，效果和谐、柔和、文雅、素静，但因其色相极其相似而含混不清，容易产生单调、平乏、模糊的现象。其统一感有余而变化感不足，不易取得视觉上的明快感。常采用变化纯度与明度，加大其色相之间明度差、纯度差，以增加调和感。

二、类似色相配色

色相环上色相间夹角在 60° 左右的色相配色为

类似色相配色（图 4-3）。这种配置关系可形成色相的弱对比效果，但与相邻色相配色相比，其对比效果有了明显的加强。它不但能够弥补同一色相、相邻色相对比的不足，又能保持和谐、雅致、耐看等特点，具有稳定、柔和、朴素、简洁的感觉，使服装具有变化丰富、整体统一的特点；但如果配置不当，则容易单调、呆板。所以，在设计中要通过明度、纯度，或者面料的不同肌理变化等方法来进一步丰富服装的整体视觉效果。

三、中差色相配色

色相环上色相间夹角在 90° 左右的色相配色为中差色相配色（图 4-4）。中差色相组合是处于类似色与对比色之间配色，是介于色相对比强弱之间的中等差别的色相搭配。色相之间既有共性的因素，又个性鲜明，较类似色的配置更丰富明快，容易调和，有丰富的表现力。因色相间的差异比较明确，所以色彩的搭配效果具有鲜明、活泼、热情、饱满等特点，是最适宜运动装的色彩效果之一。但若两色相间（如红与蓝）的明度差很小时，则需注意在明度、纯度和面积等方面加以调整，不然可能会产生沉闷的感觉。

四、对比色相配色

色相环上色相间夹角在 120° 左右的色相配色为

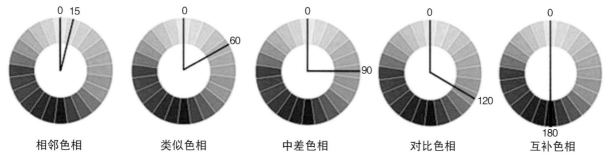

| 相邻色相 | 类似色相 | 中差色相 | 对比色相 | 互补色相 |

图 4-1 色相配色类型

图 4-2　相邻色相配色

图 4-3 类似色相配色

对比色相配色（图 4-5）。其配色效果鲜明、强烈，具有饱和、华丽、活跃的特点，易使人兴奋激动。因其色相差大、色相倾向性复杂，不易形成色相的主色调，所以必须要增加纯度与明度的共性，以色调的一致性来促进调和。同时应注意面积比例对比。对比色中也含有相对立的不稳定因素，如果不注意对比色面积的调整及色彩明度与纯度的变化，容易产生过于强烈刺激、眩目的色彩效果，从而破坏了服装的整体风格。

五、互补色相配色

　　色相环上色相间夹角在 180° 左右的色相配色为互补色相配色，其配色效果可形成色相上最强的对比关系。补色之间没有共同色彩成分，因此它是最强的对比性色彩，能强烈地刺激感官，引起视觉的足够重视，也能满足视觉生理上的需求。基于这一点，补色关系反而容易达到平衡。伊顿在《色彩艺术》中指出：“互补色的规则是色彩和谐布局的基础，因为遵守这种规则便会在视觉中建立精确的平衡。”补色搭配效果明亮、强烈、活跃、饱满、眩目，极富感染力，可用来改变单调平淡的色彩效果。互补色色相之间色相差最大，其变化感有余而统一感不足，不易取得调和统一的关系，如果处理不当则易产生杂乱、粗俗、生硬、不协调等弊病。因此，在设计时需要进行多种方法的调和处理。如通常在注意主色调与配色的面积比例关系之外，应加强彼此明度、纯度的对比关系，还可以用间隔、渐变等方法使之搭配协调，若处理得当则可使互补色双方既相互对立又相互满足。

　　从三原色看，补色关系是一种原色与其余两种原色产生的间色的对比关系，一般来说只有三对，即红与绿、黄与紫、蓝与橙。

　　红与绿，明度上差别很小，因此加强了色相的表现力。强烈的视觉刺激，使两色邻接时边缘部分闪烁不定，形成晕影，产生眩目效果，易造成视觉疲劳。要防止眩晕效果，可适当加强明度和纯度上的对比（图4-6）。

　　紫与黄，强烈的明度差，在补色搭配中最具明快、直率感。正因强明度对比的视觉刺激力远强于色相对

图 4-4 中差色相配色

图 4-5 对比色相配色

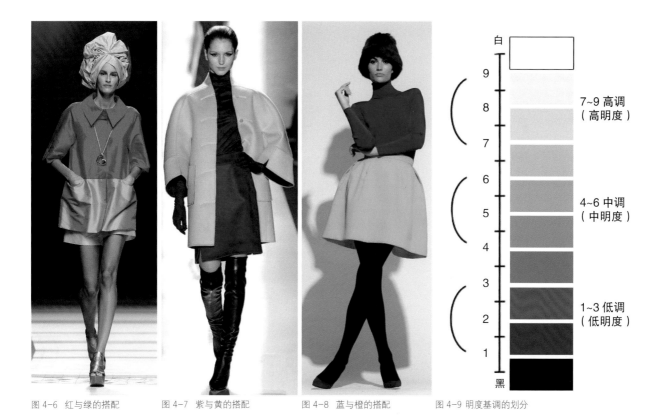

图 4-6　红与绿的搭配　　　　图 4-7　紫与黄的搭配　　　　图 4-8　蓝与橙的搭配　　　　图 4-9　明度基调的划分

比，所以很容易造成生硬感。使用中可使之在明度上接近，若再适当加强纯度对比则效果更好，纯色情况下应以较大的面积差来平衡（图 4-7）。

　　橙与蓝，形成强烈的冷暖对比，对心理有直接的影响。橙色的前进感、膨胀感与蓝色的后退感、收缩感，使两色对比具有强烈的空间张力（图 4-8）。

第二节　明度配色

　　由于色彩的明度差别而形成的配色形式称为色彩的明度配色。色彩的明度是色彩表现中最重要的因素，服装色彩的层次、体感、空间关系主要依靠色彩的明度来表现。服装色彩明度之间的刺激强度是纯度的三倍。

一、明度基调的划分

　　不同的色相都可以在无彩色明度轴上找到自己相应的明度值。为了便于掌握色彩明度变化的效果，我们借鉴蒙赛尔色立体原理来进行分析和研究。蒙赛尔色立体的明度轴由步度均匀的白到黑 11 个色阶组成（图 4-9）。如果以实际的明度阶段建立一个有 9

图 4-10　低明度基调

图 4-11　中明度基调

图 4-12　高明度基调

个等级的明度色标，那么最深为1，最亮为9，并据此可划分为以下三个明度基调：

1.低明度基调（图4-10）

由1～3级的暗色为主面积的配色，具有沉稳、厚重、钝浊、坚硬、暖和的感觉，同时也有忧郁、苦闷感。

2.中明度基调（图4-11）

由4～6级的中间明度色为主面积的配色，具有柔和的、甜美的、稳定的感觉。

3.高明度基调（图4-12）

由7～9级的明亮色为主面积的配色，具有清爽、明亮、轻巧、寒冷、柔弱的感觉。

不同色相处在明度同一阶段上，如色彩同在高明度阶段时，色彩组织呈现明快、光辉的效果；若处在低明度同一阶段时，色彩组合则暗中闪烁光彩，深沉、含蓄、典雅；若处在中明度同一阶段时，色彩组合则丰满、含蓄。不同色相在邻近的明度阶段上组织起来，也能取得较好的色彩效果。不同色彩，如果明度差较大则很难取得调和，只有用削弱纯度、改变面积等附加调和手法以改善其搭配关系。

二、明度变化的类型（图4-13）

在配色中，主色与副色、副色与副色之间的差别，决定了明度变化的强弱，也展示了整体丰富的表情。色彩明度变化的强度可分为强、中、弱，又分别称为

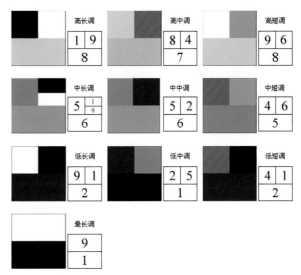

图4-13 明度变化类型

短调、中调、长调。

短调：差别在3级以内的，有含蓄、模糊的特点，明度变化较弱。

中调：相差4～5级的变化，有明确、爽快的效果，明度变化适中。

长调：差别在6级以上的，效果强烈、刺激，明度变化较强。

用低、中、高明度基调和短调、中调、长调6个因素，可以组成许多明度调子，并由此构成不同情感反应的视觉效果。以下为10种基本调子。

1.高长调（图4-14）

以高明度色为基调，配合以长调的搭配色，有

图4-14 高长调配色

图4-15 高中调配色

图4-16 高短调配色

图4-17 中长调配色

图4-18　中中调配色

图4-19　中短调配色

图4-20　低长调配色

积极、刺激、爽快、直率的感觉。如白色与黑色，月白色与深蓝色，浅米色与深褐色，粉橙色与深灰色等。

2.高中调（图4-15）

以高明度色为基调，用中调的色彩搭配，形成高调的中对比效果。其自然、明确的色彩关系多用于日常装中。如浅米色与中驼色，白色与中绿色，浅紫色与中灰色等。

3.高短调（图4-16）

以高明度色为基调，用短调对比色相配色。有微妙柔和气氛，有高雅、温柔、恬静、女性化的感觉。如浅淡的粉红色、明亮的灰色与乳白色，米色与浅驼色、白色与淡黄色等。适合于轻盈的女装与男夏装。

4.中长调（图4-17）

以中明度色为基调，用长调对比色相配色。可形成强烈的配色，具有明朗、有力、丰富的效果。如大面积中明度色与小面积白色、黑色，枣红与白色，牛仔蓝与白色等。

5.中中调（图4-18）

以中明度色为基调，用中调的配色，形成强弱适中的色彩搭配效果。具有稳定、明朗、和谐的效果。

6.中短调（图4-19）

以中明度色为基调，配以短调对比色，可形成

朦胧而有忧郁气氛的配色，给人以沉着、含糊、内在的感觉。如灰绿色与洋红色，中咖啡色与中暖灰等。

7.低长调（图4-20）

以低明度色为基调，配以长调对比色，可形成庄重、威严的气氛。如深蓝色与本白色，深褐色与米黄色等。

8.低中调（图4-21）

以低明度色为基调，配以不强也不弱的中调色彩，形成中对比效果。其表现庄重、强劲，多适合男

图4-21　低中调配色

图 4-22　低短调配色　　　　　　图 4-23　最长调配色　　　　　　图 4-24　最长调配色

装和女秋冬装的配色。如深灰色与土色，深紫色与钴蓝色，橄榄绿与金褐色等。

9. 低短调（图 4-22）

以低明度色为基调，配以短调对比色，具有沉闷、厚重、压迫之感。如深灰色与枣红色，橄榄绿与暗褐色等。男士冬装多用这种调子，显得稳重、浑厚。

10. 最长调（图 4-23、图 4-24）

以黑、白两个极端明度进行配色，可以选择低明度色或中明度色加黑与白对比作为配色。这样的色彩搭配视觉效果强烈、刺激、有力量，是设计师永恒的配色手法。但若面积对比不当，则不免有生硬感。

从以上明度调子的变化分析可以看出，由于明暗之间量的不同，能够创造出多种色调的可能性，而调子本身又具有很强的色彩表现能力，能够造成很强的空间感、光感和丰富的色彩感。同时，它又是配色中达到明快感、视觉清晰度的关键。

第三节　纯度配色

一、纯度基调的划分

以 9 级的纯度色为基本的划分标准，可以将色立体的纯度阶段分为弱、中、强三种纯度程度。色彩在纯度上的变化相应地可划分出高纯度色、中纯度色与低纯度色三个方面。高纯度色，其可见光辐射之

图 4-25　低纯度基调　　　　　　图 4-26　中纯度基调　　　　　　图 4-27　高纯度基调

波长单一程度越高就越鲜明，给人感觉上也就更华丽、兴奋、活泼；低纯度色，由于在鲜艳色里加入了一定数量的黑和白，使纯度降低而形成轻弱、含蓄、灰色之感，其性格内在、朴素而不活泼；中纯度色，是处于上述两者之间的阶段色，这种中纯色在不同的色彩环境中，既能显示鲜艳感，也能显示灰暗感。

1.低纯度基调（图4-25）

由1～3级的低纯度色组成低纯度基调，其纯度差小，视觉效果平淡、消极、乏力、陈旧，但也有自然、简朴、耐用、超俗、安静、随的感觉。如加入适当的点缀色，可使画面产生理想的效果，但点缀色必须适量，否则容易被纯度高、明度高、对比强的色相对比及明度对比取而代之。

2.中纯度基调（图4-26）

由4～6级中纯度色组成中纯度基调，色感含蓄、柔和，具有较强的统一力。

3.高纯度基调（图4-27）

由7～9级高纯度色组成高纯度基调，其纯度差较大，如高纯度色或纯色与无彩色系中黑、白、灰的搭配，色彩效果鲜明，引人注目，色彩显出饱和、生动、活泼的性格。

以上是从一个色相自身的纯度对比来分析，在多色相并用时还要考虑到各色相纯度的差别。在基本色中，红的纯度最高，青绿纯度最低。纯度高、明度居中的色纯度变化范围宽，差异明确，如橙色、绿色、红色。而明度偏高或偏低的色纯度变化范围较窄，如黄色、紫色，应当加强明度对比。

由于色彩鲜浊效果很大程度上依赖于对比因素的性质，所以设计中取什么样的对比关系，对色彩效果表现具有重要意义。一个色彩在自身不变的前提下，要表现出较大的活跃性，就应与混浊色作对比；反之，则应以更鲜的色相作对比。

二、纯度差的配色

在服装色彩设计中色彩纯度的配色可归纳为如下几种形式。

1.纯度差小的配色

（1）高纯色与高纯色配色（图4-28）。效果刺激、鲜明而强烈。高纯色对人的肤色有较大的影响，关系到人们对肤色产生的感觉。如果高纯两色是对比色，则会产生补色效果，不易协调，可用改变面积比例或采用无色分割来进行调整。如果高纯色与高纯色构成一个大基调，可加入一两个面积不大，但纯度差较大或纯度差适中的色，使配色效果富于变化感。

（2）中纯色与中纯色配色（图4-29）。这种

图4-28　高纯色与高纯色配置

图4-29　中纯色与中纯色配置

图4-30　低纯色与低纯色配置

配色效果会给人一种温和感、稳重感。可适当利用明度差来协调达到静中有动的感觉。如果以两个中纯色构成一个大基调，再加入一两个面积不大，但纯度差适中的色，则会产生柔和而沉静的视觉效果。

（3）低纯色与低纯色配色（图4-30）。这种配色效果有一种统一、含蓄、朴素、沉静之感，也容易产生平淡、无生气之感。如果加大明度差，可增添活跃气氛。如果以两个低纯色构成一个大基调。再加入一两个面积不大，但纯度差较大的色，则会使沉静中产生活泼感。

2.纯度差中的配色

（1）高纯色与中纯色配色（图4-31）。这种配色容易产生既统一又变化的效果。但要注意明度差、色相差和面积比例的调整，因为在明度差、色相差不大的情况下，特别是同等明度时，会使人产生不美的感觉。

（2）中纯色与低纯色配色（图4-32）。这种配色朴素而深沉，如果以冷色系为主调，更会缺乏活泼感。所以在配色处理时一定要增加明暗对比，扩大明度面积差距。

3.纯度差大的配色（图4-33）

高纯色与低纯色、高纯色与无彩色配色的表现领域宽，视觉效果也不同，或华丽而刺激、或朴素而沉静。其配色效果取决于面积比例与颜色主次的安排，设计者可根据需要恰当、灵活运用，以达到预期效果。

第四节　无彩色系配色

一、无彩色搭配

黑、白、灰等无彩色系的组合是服装中最为单纯、永恒的色彩，有着合乎时宜、耐人寻味的特色。如果灵活巧妙地运用，则能够获得较好的配色效果。黑白配色具有鲜明、醒目感，灰色调有雅致、柔和、含蓄感而无彩色系的弱对比则给人朦胧、虚无、沉重感（图4-34 ~图4-37）。

二、无彩色与有彩色搭配

无彩色和有彩色在配色上能产生较好的效果，这是由于它们之间的相互强调与对比，使它们成为矛盾的同一体，既醒目又和谐（图4-38）。通常情况下，高纯度色与无彩色配色，色感跳跃、鲜明，表现出灵

图4-31 高纯色与中纯色配置　　　　图4-32 中纯色与低纯色配置　　　　图4-33 橙色与黑白的配置

图 4-34 黑白条纹与花色图案的运用

图 4-35 黑白灰分割配色设计

图 4-36 斑马纹与斑点图案的运用

图 4-37 黑白灰搭配的层次感

图 4-38 花色图案与黑白搭配效果

活动感（图 4-39）；中纯度与无彩色配色表现出的色感较柔和、轻快，突出沉静的个性（图 4-40）；低纯度与无彩色配色体现了沉着、文静的色感效果。

若以无彩色为主色进行搭配，作为副色的有彩色虽然面积较小，但在无彩色的衬托作用下比原色更具活力，使整体色彩搭配效果富于变化感（图 4-41）。若以无彩色作为副色进行搭配，由于它的中性性格，对有彩色的搭配会起到很好的平衡和缓冲作用（图 4-42）。无彩色系与任何有彩色相搭配都能取得调和，只要注意调整明度，就可以取得非常明快的调和效果。

图 4-39 纯黑与鲜红的搭配

图 4-40 黑白与中纯度红、黄、紫、灰搭配

图 4-41 以无彩色为主色的搭配

图 4-42 以无彩色为副色的搭配

第五章 色彩搭配的对比与调和

色彩搭配形式多样、变化万千，但关键是要掌握对比与调和的变化规律，处理好对比与调和的关系。色彩的对比与调和是互为依存的矛盾两方面。绝对的对比会产生刺激，绝对的调和会显得平弱。在服装色彩设计搭配中运用对比手法时要找到其中的调和因素，在运用调和手法时也不能忽视辅之以恰当的对比。

第一节 色彩搭配的对比关系

一、色彩三要素对比

搭配色彩由于色相差异、明度差异、纯度差异而形成的比较为色彩三要素对比。色彩对比的强弱取决于搭配色彩之间差别程度的大小，不同程度的对比会产生不同的色彩搭配效果。

1. 色相对比（图 5-1 ～图 5-3）

色相对比，即色相间的差异所形成的对比。色彩搭配所形成的差异和对比表现为弱、中、强三种层次。同一色相配色、相邻色相配色为色相弱对比；类似色相配色、中差色相配色为色相的中对比；对比色色相配色、互补色色相配色为色相的强对比。

2. 明度对比（图 5-4 ～图 5-6）

明度对比就是色彩明暗程度的对比，即色彩深浅差异的对比。明度差 3 级以内的明度对比为明度的弱对比；明度相差 4-5 级的对比为明度的中对比；明度相差 6 级以上的对比为明度的强对比。

3. 纯度对比（图 5-7 ～图 5-9）

纯度对比，即色彩纯净程度（也称含灰度）的对比。纯度差间隔 3 级以内的对比，即纯度差小的色彩搭配，如高纯度色与高纯度色、中纯度色与中纯度色、低纯度色与低纯度色的搭配为纯度的弱对比。纯度差间隔 4 ～ 6 级的对比，如高纯度色与中纯度色、中纯度色与低纯度色、低纯度色与无彩色系黑、白、灰的对比为纯度的中对比。纯度差间隔 7 级以上的对

图 5-1 色相弱对比

图 5-2 色相强对比

图 5-3 色相中对比

图 5-4 明度弱对比   图 5-5 明度中对比   图 5-6 明度强对比

图 5-7 纯度弱对比   图 5-8 纯度中对比   图 5-9 纯度强对比

图 5-10 橙与蓝搭配形成冷暖的强对比   图 5-11 同一色相明度高趋向于冷   图 5-12 绿与蓝、紫的搭配，沉静而富有变化

比,如高纯度色与低纯度色、高纯度色与无彩色系黑、白、灰的对比为纯度的强对比。

二、色彩冷暖对比

因色彩的冷暖差别而形成的对比称为冷暖对比,它是色彩的色性倾向间的一种对比关系。

色彩的冷暖与光波的长短有关。动态大、波长长的色彩称为暖色,如红、橙、黄;而动态小、波长短的色彩称为冷色,如蓝、蓝紫、蓝绿。色彩的冷暖现象主要来自于人的生理与心理感受。如蓝绿色能使血液循环减慢,红橙色能使血液循环加快,这是人对冷暖的生理反应。由于生活经验及条件反射作用,使视觉因素变为触觉先导,当看到红、橙、黄色时就感到温暖,看到蓝、蓝紫、蓝绿时就感到冷,这是源于人们对色光的印象和心理联想。

色彩的冷暖主要是由色相决定的。红、橙、黄为暖色系;青绿、青、蓝为冷色系;绿、紫为中性色系。不同色相的冷暖以含有红橙和青蓝的比例而定。按对比的程度可将色彩冷暖对比分为三种:

1.冷暖的强对比

暖极色与冷极色(即橙、蓝色)(图5-10)、暖极色与冷色、冷极色与暖色的对比。

2.冷暖的中对比

暖极色与中性微冷色、暖色与中性微冷色、冷极色与中性微暖色、冷色与中性微暖色的对比。

3.冷暖的弱对比

暖极色与暖色、冷极色与冷色、暖色与中性微暖色、冷色与中性微冷色的对比。

冷暖对比将增强对比双方色彩的冷暖感,使冷色更冷、暖色更暖。冷暖对比越强,即对比双方冷暖差别越大,双方冷暖倾向越明确,刺激量越大;冷暖对比双方差别越小,双方倾向越不明确,但色调总体冷暖感增强。在同一色相中,色相冷暖会随纯度、明度的改变而改变冷暖倾向。色彩的纯度越高,冷暖感越强,纯度降低,冷暖感也随之降低。明度的变化也会引起冷暖倾向的变化。在无彩色系中,白色为冷极,黑色为暖极。凡掺入白色而提高明度的色性趋向冷,凡掺入黑色降低明度的色性趋向暖(图5-11)。色彩的冷暖性质不是绝对的,它往往与色性的倾向有关。如同为暖色系,偏青光之色相倾向于冷,偏红光之色相倾向于暖;同为冷色系,偏青光之色相相对倾向于冷,偏红光之色相倾向于暖。

三、色彩面积对比

服装色彩的面积对比是指各个色块在服装中所占据的量的比例关系。色彩的面积分布对整体服装色彩效果的影响,关键在于色彩面积比例大小。

就色相来讲,不同的两个色相搭配时面积比例的安排就直接影响色彩效果(图5-12)。比如红和绿两个互补色并置,若其面积比例是1:1,则两个色的量势均力敌,就会产生离心效果,使人感到不和谐;如果一个占优势,另一个处于从属地位,就会缓和矛盾。"万绿丛中一点红"的绿和红的面积是万与一之比,即一个是绝对优势,处于主导地位,另一个是点缀,处于从属地位,从而达到了和谐效果。

在明度对比中,明度高的和明度低的以1:1比例相配时,可产生强烈、醒目、明快的感觉;明度高的为主时,是高调配色,能产生明朗、轻快的气氛;明度低的为主时,是低调配色,能产生庄重、平衡、肃穆、压抑的感觉。哥德曾研究过关于色彩的明度与面积的关系。他发现,明度高的色彩感强,如黄比紫强3倍,即一个单位的黄需与三个单位的紫在色彩视觉上才能取得平衡(图5-13)。他还确定了色彩明度与色彩面积比例为:黄:橙:红:紫:青:绿 = 3:4:6:9:8:6。由此得出补色明度数比为:黄:紫

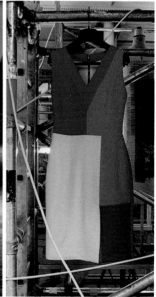

图5-13 黄与紫色面积搭配比例　　图5-14 黄与红、紫色面积搭配比例

图 5-15 同色相不同明度、纯度的组合　　　　图 5-16 同明度不同纯度、色相的组合　　　　图 5-17 同纯度不同明度、色相的组合

图 5-18 同色相、同纯度而不同明度的组合　　　　　　图 5-19 同色相、同明度而不同纯度的组合

= 3:9=1:3；橙:青 =4:8=1:2；红:绿 =6:6=1:1。这样的面积比能使色彩相互保持均衡状态，且每个色彩都显示出一种安定的视觉效果。在色彩搭配中一旦采用这样的面积比，面积对比就被中和平衡。但这种平衡关系和色彩的纯度密切相关，只有当采用的色相呈现出其最大纯度时，以上的比率才正常有效。如果改变其中一色的性质，平衡色域也随之发生相应的变化。特别是在实际应用中，常常不选用最大纯度色，比如采用纯度相对低的色，其面积应大于最大纯度的色面积（图 5-14）。因此，纯色均衡面积比只能作为色域选择时的参考。

面积对比的特征可以加强其他的对比效果，也可以缓和其他对比效果。因此，在色彩设计中合理地利用面积对比因素尤为重要。

第二节　色彩搭配的调和关系

一、同一调和

在配色中色彩的色相、明度、纯度以及它们的组合关系，具有色彩属性的同一要素，即为同一调和。同一调和主要有以下两种类型：

1. 单性同一

在色彩三属性中，保持一种性质相同，变化其余两种，包括同色相不同明度、纯度的色彩组合；同明度不同纯度、色相的色彩组合；同纯度不同明度、色相的色彩组合。

（1）同一色相调和 （图 5-15）。它相当于奥斯特瓦德色彩体系的单相调和，也相当于蒙赛尔的垂直调和。由于色相同一，所以关键要控制好明度、纯度的关系。但为避免过分统一带来的单调感，可采用明度、纯度隔段选择色彩的方法，以在统一中求变化。另外，同一色相的调子明确，在变化明度时要注意与此色相的协调关系。同一色相调和能够形成极为雅致而富有统一感的配色效果。

（2）同一明度调和（图 5-16）。它相当于蒙赛尔色立体的内面调和，指的是色立体上每一横断面之间的等明度色彩关系。由于明度相等，只产生纯度变化，形成对比柔和的色彩关系。这中间应该避免色彩模糊不清。如在色立体的横断面上，愈接近无

彩色轴的色，纯度愈低，避免去选择太靠近的级差，级差应大于 5 级以上才显出差别来。另外，愈接近纯色部分的色相感愈突出，注意色相之间的搭配关系，避免单调。

（3）同一纯度调和（图 5-17）。它相当于奥斯特瓦德色立体上每一垂直线上的等纯度关系。这种配色关系变化的效果明显，应注意把握几个方面关系：其一，黑、白、灰系列属于无纯度色，应注意把握明度变化去控制配色效果；其二，高纯度系列色相感十分鲜明，应控制其面积关系来控制配色效果，如黄色与紫色，其纯度相等时，对比鲜明，此时黄色的面积一定要考虑到均衡效果；其三，含灰色系列色相感柔和，适当把握明度变化，以避免模糊不清。

2. 双性同一

在色彩三种基本属性中保持两种性质相同，变化其中一种。它包括无彩色系的组合，同色相、同纯度而不同明度的色彩组合，同色相、同明度而不同纯度的色彩组合，同明度、同纯度而不同色相的色彩组合。双性同一调和的色彩变化基本集中在含灰色彩系列，对比较为含蓄。

（1）同色相、同纯度而不同明度的调和（图 5-18）。其关键是处理好各色之间的明度变化。因为这类色彩选择范围较小，基本集中在色立体含灰范围内。其配色易于调和，配色效果统一、含蓄。

（2）同色相、同明度而不同纯度的调和（图 5-19）。由于纯度对比的刺激感较弱，所以配色效果呈柔弱、朦胧感。若拉大纯度差，相对而言，可以改善配色效果。

（3）同明度、同纯度而不同色相的调和（图 5-20）。在这种条件下，可供选择的色相的范围也相当有局限性，基本也集中在含灰系列。其对比效果也很含蓄。例如，选择 Y8/12（黄）与 BP3/12（青紫）两者的纯度关系相同，但明度相差大，为了使明度与纯度都相同，则选择 Y5/9（黄）与 BP6/9（青紫），这样就成为灰黄色与灰紫色的对比关系了。这时就要借助于色彩的面积关系以及色相的调性来加强控制和调整。

二、近似调和

近似调和是色彩组合保持对比色彩双方属性差

图 5-20 同明度、同纯度而不同色相的调和

图 5-21 近似色相的不同明度、纯度调和

图 5-22 近似明度的不同色相、纯度调和

别较小的调和，它包括近似色相的不同明度、纯度调和，近似明度的不同色相、纯度调和，近似纯度的不同明度、色相调和及三性近似调和等。

1. 近似色相的不同明度、纯度调和（图 5-21）

相同因素较少，变化因素较大，色相已呈现中对比的变化关系。如果此时明度、纯度也作较多的变化，效果会显得杂乱。这种调和形式以色相为主，辅之以明度、纯度的变化关系，会显示出更为协调的色彩效果。

2. 近似明度的不同色相、纯度调和（图 5-22）

明度已稍有变化，色相及纯度关系可依明度调子相应的变化。此种变化范围较广，可相当于奥斯特瓦德菱形色表的展开。在明度变化中还可适当选择补色关系的色来丰富色彩效果。但要避免太强烈的色相变化与明度变化的冲突，形成比较丰富而又统一的对比效果。

3. 近似纯度的不同明度、色相调和（图 5-23）

这种配色效果主要应突出纯度的变化，因此明度

关系尽可能地减弱，色相关系也不能太鲜明。明度、色相的变化都是围绕使纯度近似对比关系变化，为使这种纯度关系呈现更为优美的效果，而适当调整明度及色相关系。这类配色关系容易形成优美、雅致、柔和统一的效果。

4. 三性近似调和（图 5-24）

包括色彩的三属性近似，即色立体中以某一色彩为中心的邻近色组成的立体色群，对比色相混合的系列的邻近阶段组合效果。

从以上几种近似调各关系中可以看出，由于色彩异质成分增加，变化程度增大，色彩效果更加丰富。但应注重色彩的秩序，适当控制色彩的量性，以达到整体统一的效果。

三、对比调和

色彩对比与调和是服装色彩美感对立统一的两个方面，它们互为存在的条件。对比是差别，调和是统一，没有差别或差别很小，对比就弱，调和感则强；差别越大，对比越强，调和就越差。因此，强对比就

图 5-23 近似纯度的不同明度、色相调和　　　图 5-24 三性近似调和　　　　　图 5-25 增加纯度与明度的共性促进调和

是弱调和，弱对比就是强调和。在色彩设计中，采用任何方法使色彩调和的过程也就是使对比向调和转化的过程。

1.色相的对比调和

从色相调和分析对比色相因为色相差大，必须要增加纯度与明度的共性，以色调的一致性来促进调和（图 5-25）。同时，应注意面积比例对比（图 5-26）。补色相配合色相差最大，不易取得调和统一的关系，必须采用多种调和手法达到和谐，如互混成系列，扩大或缩小双方或一方的面积比，空间并置，利用黑、白、金、银、灰使其调和（图 5-27），使形状分散，改变边沿相接关系，加入亲缘关系的第三色，拉开补色相之间距离，同时混入某一色，改变双方或一方的明度，同时或一方改变纯度等方法使补色得到调和感。

2.明度的对比调和

从明度关系上分析对比色彩如果明度也是强对

比则很难取得调和，只有用削弱纯度、改变面积等附加调和手法以改善对比关系（图 5-28）。

3.纯度的对比调和

从纯度关系上分析对比色彩在纯度对比时，服装色彩组合效果明快、鲜明、悦目且有兴趣，它是服装对比色彩组合常用的对比处理手法（图 5-29）。

4.色调的对比调和

从色调关系上分析对比色组合服装色彩时形成总的倾向色调，一般分为淡色调、浓色调、亮色调、暗色调、鲜色调、含灰色调、冷色调、暖色调、黄色调、绿色调、红色调等。对比色彩组织服装色调，能体现不同的情感效果。如采用面积优势组成色相优势的色相调和，加强色相的表情；采用同时提高明度而组成明亮的色调，或采用降低明度的手段组成暗色调；采用冷暖的面积优势组成冷暖色调；采用同时混入某色相取得统调效果，混入黑、白、灰等色组成不同的纯度统调等（图 5-30）。

图 5-26 通过面积变化进行调和   图 5-27 利用黑、白使其调和   图 5-28 通过削弱纯度、改变面积来改善对比关系

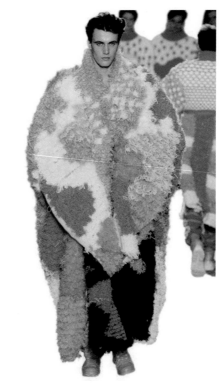

图 5-29 纯度对比调和效果   图 5-30 高纯度对比色搭配形成鲜色调

第六章　色彩搭配的构成与运用

色彩搭配构成具有共通的规律性法则，在色彩搭配的基本形式及色彩对比调和的原则的基础上，熟练地掌握并运用这些法则，对服装色彩设计水平的提高将会有较大的帮助。

第一节　色彩搭配的形式法则

色彩搭配的形式法则主要研究色彩的布局，即色彩组织中的色彩位置、空间、比例、节奏、呼应等相互之间的关系。良好的色彩组织关系，有赖于色彩搭配的基本审美形式。

一、比例与分割

任何一件整体的事物都由一个或几个部分配置组合而成。整体与部分、部分与部分之间的数量关系称之为比例。它包含比率、比较、相对这些意义。

服装色彩的比例关系由服装形态的分割和色彩的配置而产生。具体表现在：色彩间的对比与调和程度的比例关系；色彩整体与局部、局部与局部之间的数量关系；色面积、色位置、色顺序等比例关系。色彩比例与分割的形式有如下几种：

1. 黄金比例

黄金比例的发现源于古希腊科学家的几何学研究，在长期的艺术实践中被公认为是最美的比例形式。黄金比例的原理是将已知线段做大小两部分的分割，使小部分与大部分之比等于大部分与全体之比，

图 6-1　上下衣色彩分割的黄金比例

图 6-2　渐变比例

其比率为 1 ：1.618。但在实际应用中可以围绕一定的数量关系上下浮动，可用 2 ：3、3 ：5 或 5 ：8 这样的近似值。

由于黄金比例与人的两眼视力范围相适应，因而能产生美感。人体自身各部分就含有多种黄金比例，如完美的人类形体比例就是以腰部按黄金比例进行分割。以完美的人体比例作为设计依据，服装上下衣色彩的面积比例通常用 2 ：3、3 ：5、5 ：8 的比例分割形式（图 6-1）。

2. 渐变比例

渐变比例指按一定的比例作阶梯式的渐变，其有规则的渐变是按一定的数列进行。在服装色彩设计实际应用中数列比 1 ：2 ：3 ：5 ：8 ：13 ：21 最为实用，即每一项是前两项之和。渐变比例是逐渐而又有规律变化的，因而既柔和又富有节奏感（图 6-2）。

在配色中当两个或更多的色彩之间难以调和时，在诸色间插入变化的几个色，就可以产生循序渐变的秩序感，从而达到调和。运用渐变比例配色，可增加服装色彩效果的光感、层次感、空间感和律动感。

3. 无规则比例

随着现代艺术潮流对服装的影响，人们追求新颖奇特以产生刺激感、新鲜感、时尚感，在服装配色比例上出现了打破常规、色彩组合比例悬殊的配色形式，使服装效果更时髦、更前卫、更富有创意（图 6-3、图 6-4）。

分割配色一般用在两种对比较强或较弱的色彩之间，前者对矛盾的色彩关系起到衔接、过渡的调和作用，后者可以使模糊不清的配色界限分明，明确服装主色调，界定服装色彩比例。分割色彩的运用要以服装色彩设计整体风格为前提，以被分割的色彩为基础选用分割色彩。通常采用无彩色系的黑、白、灰三色，其优点是鲜明而不刺激，容易取得较好的效果（图 6-5）。金、银色也较好，它能在调和的同时为色彩画面增添华丽感，但若用处不当，会流于俗气。采用有彩色作为分割色时，应选用与被调和色有差别的色，可用明度的差别，也可以用色相的差别、纯度的差别。分割色可用来协调或变化形态与色彩之间的关系。分割色形态可用直线、曲线等，线的本身宽窄粗细又可以随意变化。

服装色彩的比例与分割不只是一种配色调和的辅助手段，更被视为创造美感的一种表现形式而广泛运用。

二、对称与均衡

一个物体在空间受到来自各个方向力的作用，当这些各个方向力的作用互相抵消时，物体就处于平衡状态。平衡有两种表现方式：一是对称，二是均衡。

1. 对称

对称是平衡的特殊形式，是指各种要素以中轴或集聚点为中心呈完全均等分布。处在对称中的形式

图 6-3 比例悬殊的配色形式

图 6-4 无规律的配色形式

图 6-5 以无彩色系的黑色作为分割色

图 6-6　色彩对称布局　　　　　　　　　图 6-7　面料色彩纹样的对比形式　　　　　　图 6-8　通过色彩分割取得平衡

因素是同等、同形、同量的，能产生整齐平衡的效果。

　　人体本身就是对称的典型，以鼻梁为中心，眼、耳、手臂、脚、腿都呈左右对称状。因此衣服一般也制成左右对称款式。这种款式上各种颜色的强弱、轻重能在视觉上取得绝对平衡感，它往往表现出庄重、大方和平衡、安定感。虽然这种对称易产生平淡呆板的视觉心理，但由于人体处于运动状态中，因而也能得到一定的生动活泼感（图 6-6、图 6-7）。

　　2. 均衡

　　均衡是对称的一种延伸，是事物的两部分在形状与布局上不相同，但双方在量上却大致相同，是一种不等形但等量的对称形式。均衡较对称更自由，富于变化。色彩的均衡是从视觉出发，以心理量为衡量尺度，通过色面积、色位置、色彩对比调和程度、质感等因素，由感觉加以判断。它指色彩诸要素在知觉中达到一种力的静止平衡状态，即在视觉心理上获得的一种安全感。服装色彩的均衡并不一定是各种色彩所占有的量包括面积、明度、纯度、强弱的配置绝对的平均布局，而是设计师依据服装具体的款式结构，在色彩设计中取得色彩总体感觉上的均衡（图 6-8）。色彩的均衡是

由位置和重力两个因素决定的：

　　（1）位置对均衡程度的影响。受视觉心理平衡因素的影响：当暗色处于整体画面上部时，它会产生压抑感、不稳定感；当它被放置到右侧时，则感到力量分布不均，画面向右倾斜；只有将它放在左下部时，画面才呈现出稳定感。视觉规律告诉人们，人对色彩构图有上轻下重、右轻左重的要求。视觉通常需要在左边或下边形成一个有分量的停顿，以满足心理的平衡感。所以要使色彩构图稳定，在左方、下方要给以较大的重力，而在右方、上方较少的重力就可与之平

└ 图 6-9　　　└ 图 6-10　　　└ 图 6-11　　　└ 图 6-12

图 6-9　服装色彩装饰的黄金部位
图 6-10　下部用重色装饰有稳定感
图 6-11　通过色块面积调整取得平衡
图 6-12　对比关系强弱与重力变化

衡了。在服装设计中，人的左半身（即观者视域的右侧），尤其是左上部，都可以说是服装色彩装饰的黄金部位，比较容易取得效果，一般只有很小面积的强调色就能取得整体平衡（图6-9），而在下部的装饰则需要面积大些。下部用重感色，上部用轻感色的服饰搭配有稳定感，反之，则有动感（图6-10）。

（2）重力对均衡程度的影响。它取决于影响重力的几个因素：

a. 面积大小影响重力。一种色彩的面积越大，重力也越大。因此，在色彩构图中综合考虑色彩各种属性的基础上，对不同色块的面积进行合理调整，以取得最佳的平衡效果（图6-11）。

b. 对比强弱影响重力。处于强对比关系中的色比处于弱对比关系中的色重力大（图6-12）。

c. 背景的繁简影响重力。同一块色在复杂的色彩背景中比在单纯的背景上的重力小，前者需要较大的面积才能取得平衡。所以，在花纹布料服装上的强调色只有大些才能引起重视。

d. 位置影响重力。一种色彩成分越远离平衡中心，重力也越大；当它位于构图中心时，重力就相对较小。所以服装上用于前中线上的服饰纹样通常较大些。如果两侧也有对称纹样则应相对小些、简单些。一个适用于左胸部的服饰品放在胸部正中，可能会感觉分量不够。

三、节奏与韵律

节奏为音乐中的术语，通常是指音的连续，音与音之间的强弱、高低、长短及间隔、停顿等有规律的表现，它是构成韵律的根本要素。服装色彩的节奏感通过色相、明度、纯度、形状、位置等方向的变化和反复，可以表现出一定的规律性、秩序性、方向性、运动感。节奏是单调的重复，韵律是富于变化的节奏。韵律是节奏中注入个性化的变异形成的丰富而有趣味的反复与交替，它不像节奏那样具有明显的格式化规律可循，而是在节奏的运动规律之上体现为一种内在的秩序，具有多样性的变化，可以说是重复节奏和渐变节奏的自由交替。它的规律往往隐藏在内部，从表面上看似乎是一种自由表现形式，实际上则体现着组织的内在规律性。它能增强色彩的感染力。

服装色彩的节奏韵律具体表现在这几个方面：服装面料中同一种色彩纹样的运用而形成的节奏变化，这种节奏感由面料本身的色彩节奏所形成；服装面料的同种色彩纹样的反复使用或不同种色彩纹样的交替使用而形成的节奏变化；服装面料在色彩明度、纯度、色相或质地上的反复使用或交替使用而形成的节奏变化；服装配饰色彩反复使用而形成的节奏变化，如耳环、纽扣、腰带、鞋子、手提包，同时使用某一种色彩使人们在视觉上产生一种节奏感；服装的上下装、内外装的色彩反复产生一种整体的节奏感。

服装色彩的节奏感可归纳为如下几种形式：

1. 渐变节奏

服装色彩的渐变节奏，如同音乐中的渐弱、渐

图6-13 色彩渐变节奏

图6-14 色彩单一重复节奏

图6-15 色彩交替反复节奏　　图6-16　通过款式、面料图案设计形成色彩动感节奏　　图6-17　蓝色调配色尊贵高雅

强的渐变节奏，是将色彩的诸要素（色相、明度、纯度、色形状、色面积）按一定秩序进行递增或递减的变化而形成。根据设计需要节奏的强弱不同，服装色彩可以用等差的演变，平缓而从容的上升或下降，也可以用等比级数式的变化，成倍增减，形成迅疾、跳跃性的节奏。从而可以使服装色彩达到轻柔、舒缓或起伏跌宕的视觉效果（图6-13）。

2.重复节奏

服装色彩的重复节奏是指同一色彩要素连续反复或几个色彩要素交替反复产生的色彩节奏形式。

（1）单一重复节奏。是以一个色彩单元连续反复而形成的节奏。它既可以是同一色相、明度、纯度等色彩要素的连续多次反复，也可以是几个要素构成的小单元的连续反复（图6-14）。

（2）交替反复节奏。是以两个或两个以上的独立色彩要素（或单元）进行交替反复而形成的节奏。它是色彩重复节奏中较复杂的一种形式，它可以使简单要素产生多样化的效果（图6-15）。

（3）动感节奏。是通过色彩诸要素的变化体现出的一定的方向性、流动性，从而形成整体的动感效果。动感节奏以多元的、自由的节奏形式出现，其变化没有明显的规律性，如同音乐的时快时慢、时而流畅，时而滞涩，虽然节奏感较弱，但以不断的细节变化和整体的脉络清晰性，呈现出共同的韵律感和耐人寻味的魅力（图6-16）

四、单纯与强调

色彩单纯化是指色调趋同，尽量使色彩因素简单

化而产生美感的一种形式。色彩强调是为了弥补配色中的贫乏和单调，采用某种配色形式刺激视觉，从而引起人们的注意和兴趣。单纯化配色通过减弱、加强、归纳、组合等变化手段寻求服装色彩的统一，而强调性配色则是在相对统一的色彩中使用一定的配色技巧谋求服装色彩的某种变化。

1.单纯

单纯化配色即以最少的配色条件，以最少数量和最单纯的配色关系来体现效果，其配色往往采用一个较为明确的色调来主控，如蓝色调、紫色调等。单纯化配色效果表现出简洁、明快、完整、个性较强的色彩美感特征，是最容易给人留下清晰视觉形象的配色形式。在服装色彩设计中如果配色的要素较多，色彩所传达的意义会不集中，色彩容易流于表面化。而单纯化配色往往会使人们充分关注服装的整体性，这种寻找朴素、单纯的色彩感觉，追求内涵丰富的服装色彩设计风格符合当今人们对高品质审美特征的需求（图6-17、图6-18）。

单纯化不是简单化，而是更讲究用色的精练、准确。单纯化配色原理的魅力在于：看似简单实则复杂，整体简单而内在丰富。这种准确包括设计师对服装内在因素如款式、线条、比例、轮廓、质感等方面的把握能力，还包括对穿着对象自身的色彩定位以及与其他服装相关联因素之间的协调与对比关系的色彩处理。

2.强调

在服装设计中服装的局部采用与服装整体色彩

不同质的色，就形成了强调性配色。强调性配色可以打破服装色彩的单调感、打破某种无中心的平淡状态、打破有中心的杂乱状态，从而形成一个视觉中心焦点，使整体服装色彩产生平衡感、秩序感。

（1）强调色使用的部位有：

a.强调色经常出现在左胸部、颈部、腰部、腕部、双肩与胸中部形成的三角区域（图6-19）。

b.强调色可以是首饰、服饰配件，也可以是服装的某个局部，如蝶结、衣袋镶拼色。

c.强调色出于设计风格的需要可在特殊部位使用，如背部、臂部、臀围线、裙摆等（图6-20）。

（2）强调配色使用的技巧有：

a.强调配色应使用比整体色调更强烈的色彩，以达到强调的效果。

b.强调配色应使用与整体色调相对比的调和色。如明度对比、色相对比、纯度对比等（图6-21）。

c.服装面料质地不同而引起的色彩质感的明显差异也会起到很好的强调效果。

d.强调色应使用较小的面积，因小的面积更容易成为视觉中心。但不易太小，面积太小容易被周围的色彩同化而失去强调的作用。

e.强调的点越少，强调效果越强。需要多点强调时，点与点之间应形成一定的秩序，而且强调色之间的差异尽量小，否则不但起不到强调作用，反而易有散乱之感。

f.在服饰配色中由于结构、功能方面的限制，有时强调色需同时用在几个点上。如钮扣，若两个以上时就应以一定的秩序去组织或顺序排列，或对称呼应，使之有秩序之美。

g.强调色的位置要考虑色的整体平衡效果，因为强调色的心理量大，容易成为力的聚集点，它能在配色之间发生很强的张力，使整体产生一种紧张感，从而形成贯穿整体的力，是布局平衡的关键。所以强调色的位置选择非常重要（图6-22）。

h.在服装整体色彩不变的情况下改变强调色，会使服装的风格发生相应的变化。

五、关联与呼应

在服装色彩设计中，任何一种色彩的出现都不应是孤立的，它需要同一色或同类色彩彼此之间的关联与呼应。同一色或类似色在不同位置重复出现，可体现你中有我、我中有你的色彩关联与呼应的美感。

服装色彩的关联与呼应，可以是服装内外装、上下装色彩的呼应，可以是服装色与配饰色彩的呼应，也可以是配饰色彩与配饰色彩之间的呼应关系（图6-23～图6-25）。另外，服装色彩的关联与呼应也可以通过相互搭配的各种色彩中混合同种色素的方式来实现，从而使各色之间形成内在的联系，给人以协调感（图6-26）。

服装色彩的关联与呼应是某种色彩在服装上的某种形式的延伸，它可以诱导视线不断上下、左右、

图6-18 紫色调配色个性鲜明　　图6-19 以橙色腰带作为强调　　图6-20 裙摆上使用的强调色　　图21 用蓝色的对比色橙色作为强调色

图 6-22　　　　　图 6-23　　　　　　　图 24　　　　　　　　　　　　图 25

图 22 强调色位置的选择是布局平衡的关键　　　　图 24 服装色与配饰色彩的呼应
图 23 内外衣色彩的呼应　　　　　　　　　　　　图 25 配饰色彩间的呼应关系

前后地移动与变化，从而使服装色彩更具丰富感、变化感、整体感。

　　综上所述，服装色彩的美感形式多种多样，虽不能以固定的公式衡量，但仍具有公认的规律可循。要使服装色彩设计达到完美，就必须研究和遵循设计形式美的各项法则，以作为其参考和指导理论。

第二节　色彩搭配的设计运用

一、套装的色彩搭配

　　套装一般是由内衣外衣、上装下装等配套组合，同时辅之以服饰配件作补充、点缀而成。在套装的组合因素中，都有其各自的色彩特征，欲使各部分色彩之间产生整体的协调感、统一感，最重要的是应抓住主调色彩，使之成为支配性的色彩要素，并使其他色彩与之发生相应的联系。优势之色考虑安排最大面积，然后适当配置小面积的辅助色、点缀色、调和色等，采用各种配色美的手法，做到用色单纯而不单调，层次丰富而不杂乱，主次呼应，互相关联，既统一又有变化。在套装色彩组合中，除选用花色面料情况外，

图 6-26 色彩内部的呼应关系

图6-27 外衣深则内衣浅　　图6-28 内衣深则外衣浅　　图6-29 内外衣色相反差

所选用的主色相一般不要超过三个，这样不但套装色彩整体效果突出，主次关系也到位，并根据设计需要，选用服饰配件色彩，以作点缀和强调，使服装整体色彩在协调之中有一种变化的美感。

1.内外衣色彩搭配

按照着装形式，一般外衣全部裸露在表面、面积较大，而内衣只有部分外露，有时只露出领子、袖口等小部分，面积相对较小。所以，外衣色彩应为套装的主色，内衣色彩为次色。内外衣色彩应主次分明，层次清晰。在具体配置时应注意以下几个因素：

（1）明度对比在内外衣配色中尤为重要，应当把握"外衣深则内衣浅，外衣浅则内衣深"的原则（图6-27、图6-28）。

（2）色相、纯度对比也可适当地拉开反差距离。如果内外衣色彩过分接近，作为服装视觉中的领、胸部位，就会模糊而无生机（图6-29、图6-30）。

（3）花色面料的内外衣配置，多采取内花色、外单色，或内单色、外花色。如果内外全花，就会使人产生混乱的感觉（图6-31）。

（4）内外衣配色的色彩对比，可采用强烈的手法，使内外衣在色相和明度上都有较大的对比度，给人以一种生动、活泼的时尚感。也可用柔和的手法，给人感觉内外衣色彩配置，主调感强，单纯而不单调，柔和而有层次，效果协调、和谐（图6-32、图6-33）。

2.上下装色彩搭配

上下装的组合，有上衣与裤子或上衣与裙子等的相配。上下衣的色彩配置同内外衣有所不同，按服装款式的不同，几乎不同程度地同时显露于外表。在彩色配置时，根据设计需要应注意以下几个因素：

（1）从人的视觉规律上考虑，一般应按上衣色彩浅、下衣色彩深的组合规律，以增强视觉与心理的稳定感。但也有上衣深、下衣浅的组合，

图6-30　　　　　图6-31　　　　　图6-32

图6-30 内外衣纯度的反差　　图6-32 内外衣色彩强烈的搭配法
图6-31 外单内花

图6-33　内外衣色彩柔和的搭配法

图6-34　上衣浅下衣深的色彩配置

图6-35　上衣深下衣浅的色彩配置

图6-36　上下装色彩的比例

图6-37　上下装色彩搭配的整体感

这样会增加动感及时尚感（图6-34、图6-35）。

（2）一般上、下装的面积比例为3：5、5：8等近似黄金分割比例（图6-36）。在服装色彩设计中，经常根据色彩设计创意或款式变化的要求采用不同的比例色彩组合。但上下装色彩面积比例不宜均等，均等的色面积会给人视觉上一种单调、机械之感。同时上、下装色彩面积比例差距要适当，过大或过小都会造成不佳的视觉效果。

（3）一般上下装色彩不宜过于刺激（图6-37）。如采用黄与紫、红与绿这样的搭配，会使人感到过于刺眼、艳俗，即使中间附加黑色或金色腰带，也难以解决上下色彩之间的过渡与衔接问题。如果一定要用对比色相的话，最好拉开两色相之间的明度与纯度差距，如淡绿色上衣配红裙，或红色上衣配深墨绿裙，色彩的刺激度会得到相对协调与缓冲。

（4）用花色面料时，以上衣花色配下衣单色或上衣单色配下衣花色为宜。在具体设计中，可运用关系手法，如果裙子用单色，而此色恰是上衣花色的某一色，使上下色彩连续呼应，增加整体美感（图6-38）。如果上下装都用花色面料，最好选用同一花形色彩（图6-39）。否则，上下两种不同的花色面料在花形大小、明度方面反差不太明显，则整体色彩效果使人感觉眼花缭乱、花哨、俗气。

3.系列装色彩搭配

系列服装是在单品服装设计的基础上，巧妙运用设计元素，从风格、主题、造型、材料、装饰工艺、功能等角度，以美的形式法则构思创造出的一系列多套服装组合。其款式特征、面料肌理、色彩配置、图案运用、装饰细节体现出共同的情调。其设计可以通过同形异构法、整体法、局部法、反对法、组合法、

图 6-38 素色选用花色中的色彩　　图 6-39 上下俱花时宜选用近似花形色彩　　图 6-40 通过相同的黄色统一的系列

变更法、移位法和加减法等形成不同的系列。

　　主题是系列服装设计的决定因素，服装色彩搭配要选择以优雅、刺激、明快、端庄、奢华、自然等不同的情境进行组合，同时要适合每套服装的外部廓形和内部结构。通常，系列服装设计是以一组色彩作为系列服装的统一要素，运用纯度及明度的差异、渐变、重复、相同、类似等配置法，追求形式上的变化和统一。

　　（1）通过同一色实现统一的系列，即系列中的每一款都有相同色相、明度和纯度的色彩（图6-40）。

　　（2）通过色彩明度实现统一的系列，即系列服装中的不同色调通过明度统一而互相协调着的整个系列（图6-41）。

　　（3）通过色彩的纯度实现统一的系列，即不同色相和明度的色彩通过含灰度统一从而构成系列（图6-42）。

　　（4）通过无彩色的黑、白、灰穿插调节而构成相同色彩元素的系列（图6-43）。

　　系列的服装色彩由于色调的统一伴随着造型与材质的随意变化，使整个系列表现出丰富的层次感和灵活性，但在以色彩为统一要素的系列设计中，色彩不可以太弱，以免削弱其系列特征。

二、服装与装饰配件的色彩搭配

　　装饰配件种类很多，特别是女装配件，更是琳琅满目，从头到脚，无所不含。主要有首饰、钮扣、鞋、帽、袜、手套、围巾、腰带、钱包、提袋、眼镜等。就首饰而言，还可分为发夹、项链、耳环、戒指、领针、胸针、手镯等，其材质齐全、形态各异、色彩丰富（图6-44）。这些饰物和配件若与服装色彩组合得当，能起到锦上添花、画龙点睛的效果，但如果使用不当，则会破坏整体色彩和谐关系，喧宾夺主、画蛇添足。

　　1. 帽子色彩搭配（图6-45～图6-47）

　　帽子处于服装视觉中心，正常着装情况下，帽子色彩应尽量和上装相同或更浅淡些。如暗褐色、紫色、白色交织的花色上衣，配紫色帽子就很合适。黑、白、灰的帽子和任何色彩的服装相配一般都较为谐调。穿着较正式的服

图 6-41 不同色调通过明度统一的系列　　图 6-42 通过色彩含灰度统一的系列

图 6-43 通过黑色统一的系列

图 6-44 琳琅满目的女装配饰

装时帽子色彩要与服装色彩谐调一致，休闲装、运动装、时装及儿童装，帽子色彩与服装色彩可采用不同程度的配色方式，可谐调也可对比。另外，帽子色彩会受到肤色的影响。

　　2. 鞋袜色彩搭配（图 6-48 ～图 6-51）

　　鞋子的色彩应取含灰色或黑、白色，尽量与下

装色彩融合。如果鞋色选用纯度高的色彩，则应与服装其他部位的色彩有所呼应。袜子色彩以接近肤色的含灰色为宜，一般不要用太深、太花、太鲜的色彩。袜子与裙、裤、鞋相配，则可以延伸裙、裤、鞋的色彩，取相近的色彩。

　　3. 手套色彩搭配（图 6-52 ～图 6-54）

　　手套使用场合较少，但手的部位引人注目。在

图 6-45 女装与帽子色彩的搭配

图 6-46 男装与帽子色彩的搭配

图 6-47 帽子与服装色彩的暖色调搭配

图 6-48 不同服装需要不同的鞋袜色彩搭配方案

图 6-49 鞋子与服装色彩的整体搭配

图 6-50 以鞋子色彩为视觉中心

图 6-52 手套与服装同一色彩简约而典雅

图 6-53 橙色与粉色搭配鲜艳夺目

图 6-51 鞋袜的色彩搭配

日常生活中为避免喧宾夺主，宜选用浅淡的含灰色，不要过于鲜艳、刺激。在穿着富丽的晚礼服时，既可以穿用礼服同色系手套以求与服色浑然一体，也可以搭配黑色或白色手套，与五光十色的气氛相协调。手套与服装色彩搭配可以是融合关系，可以是对比关系，具体可根据服装整体色彩搭配风格来决定。

4.围巾色彩搭配（图 6-55 ~ 图 6-57）

围巾对脸部的烘托效果最直接，在整体服装配色中可以缓和服装色彩不协调的矛盾，也能产生活跃色彩的作用，更能起到补充、加强色彩面积，突出主色调的作用。围巾既可以与服装整体色彩一致，也可以与服装局部色彩呼应，还可以作为点缀色而成为视觉焦点，与服装形成明度、纯度的对比效果。

5.腰带色彩搭配（图 6-58 ~ 图 6-60）

腰带色彩在服装整体色彩配置中的作用有两个方面：一是承上启下，衔接上下装色彩；二是上下装色彩对比过于强烈或过于微弱时，发挥缓冲、隔离的功能。另外，含灰色和服装同色的腰带可避免暴露较粗的腰身，而金、银等闪光腰带则能更好地衬托服装色彩。

图 6-54 手套与服装色彩的强对比

图 6-55 围巾与服装色彩的一致

图 6-56 围巾色彩作为强调色

图 6-57 围巾色彩与服装色彩的呼应

图 6-58 金属质感腰带与白色搭配的冷傲感

图 6-59 粉色腰带的运用改变了服装的原有风格

图 6-60 黑色腰带增添了沉稳感

6. 包袋色彩搭配（图 6-61 ～图 6-64）

包袋色彩一般应避免过于突出，最好与围巾、鞋、服装色彩同色，也可以与服装的色彩形成对比关系。若选用含灰色及无彩色，可以适应各种服色的配合。当包袋色彩与服装若为同类色时，应注意色彩搭配的明度变化，通过色彩深浅明暗的变化形成丰富的层次感。从而避免产生整体色彩单调、模糊等现象。当服装色彩为素色时，包袋色彩可选择鲜艳的色彩，与服装色彩形成对比关系，起到色彩点缀作用，给人以视觉冲击感。包袋色彩也可以选择使用服装色彩中的部分色彩，使整体色彩搭配形成呼应与关联，强化配色的主色调。

7. 首饰色彩搭配（图 6-65 ～图 6-68）

首饰与其他配件不同，虽然一般面积不大，佩戴得体却能发挥"提神""点睛"的作用，给女性增添妩媚、优雅、高贵的风韵。但若装饰过度，与服装色彩平分秋色，甚至反客为主，反会弄巧成拙，变得富贵气、俗气十足。所以一般以佩戴 3 件为宜，项链、耳环、戒

图 6-61 包袋与服装色彩的调和

指或胸针，最多不超过 5 件，而且形态色彩尽量和服装的款式、图案、色彩有相似之处，力求格调一致。在现代服装设计中，设计师时常运用夸张的设计手

法，通过扩大首饰的佩戴面积，增加首饰的数量，改变首饰的传统佩戴位置，或以首饰色彩为主色调等手段加强首饰的表现力，使服装整体效果更具时尚感和后现代特征。

图 6-62 包袋色彩为服装色彩的延伸　　图 6-63 包袋与服装色彩的搭配简洁明快

图 6-64 包袋与服装色彩呼应关系　图 6-65 首饰与服装色彩的对比　图 6-66 夸张的现代服饰搭配设计

图 6-67 首饰色彩与服装色彩的呼应　　　　　　图 6-68 首饰与着装场合色彩

第七章　色彩设计的构思与表现

色彩设计是从色彩特有的属性出发，以色彩搭配的客观规律为基础，对服装色彩语言进行归纳整合的过程。不同的色彩形象类型具有不同的色彩情调，体现出不同的服装色彩风格。

第一节　色彩的采集与重构

一、色彩采集的来源

客观存在的任何事物和现象都可能成为服装色彩设计构思的灵感源泉，设计师通过对色彩的采集、分析、综合、归纳，可以从中找出其独特的色彩表现形式，以达到理想的创意效果。

1. 自然色

任何事物都与自然有着密切的关系，色彩美学亦如此。自然界为服装色彩设计提供了取之不尽、用之不竭的素材，我们可以从自然界的许多事物和现象中汲取艺术营养，拓宽色彩构思的视野。大自然的色彩十分丰富，风景、植物、动物等方面的色彩五光十色，变幻无穷，它所蕴含的色彩美的因素待人们去认识、发现、创造和应用（图7-1～图7-3）。曾流行一时的宇宙色、土地色、森林色、沙漠草原色、

海洋湖泊色、沙滩色、热带丛林色等色彩情调充分地反映了人类崇尚自然的心理要求。大自然对色彩设计的启示不仅仅来源于人们对自然色彩的视觉联想，由自然界中的美妙意境而触发的共感觉联想对设计灵感产生也有着重要的启示作用。从科技发展角度来讲，自然界中美的因素愈来愈多，无论是显微镜里的细胞结构，还是天文望远镜里的星球组织，它们所表现出的色彩及色彩变化规律，都已成为启迪我们进行服装色彩设计的灵感素材。

2. 传统色

传统色是指一个民族所传承下来的、在各门类艺术中具有代表性的某种色彩特质。我国的传统艺术包括原始彩陶、商代青铜器、汉代漆器、陶俑、丝绸、南北朝石窟艺术、唐代铜镜、唐三彩陶器、宋代陶器等，这些艺术品均带有各个时期的科学文化烙印，具有独特的色彩主调和不同品味的艺术特征以及典型的艺术风格。这些优秀文化遗产中璀璨的装饰色彩是

图7-1 落叶色

图7-2 自然风景的色彩

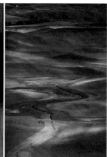

图7-3 自然现象的色彩变化

我们学习借鉴的最好范本（图7-4、图7-5）。

3. 民间色

民间色是指民间艺术作品中呈现的色彩和色彩形式。民间艺术品包括剪纸、皮影、年画、布玩具、刺绣等流传于民间的作品。在这些无拘无束的自由创作中，寄托着真挚纯朴的感情，流露着浓浓的乡土气息与人情味，在今天看来，它们既原始又现代，对服装色彩设计具有很大的启示与借鉴作用（图7-6、图7-7）。

世界上不同的地区、民族、地域文化、风俗习惯等的差异，形成了不同的审美意识与形式，各民族都具有自己不同的色彩文化习俗，其将自然地反映在本民族的服装色彩上。各民族服装的色彩以及搭配方式是相对固定的，不会随着时代的变化而变化，因而就形成了特定的民族风格。如我国的传统色彩是红、黄、蓝、白、黑；印度人喜欢用红、黄、黑、金等色；日本的传统服装多用白色或自然物质的原生态色彩等。在我国的少数民族中，傣族普遍喜欢穿白色、红色及各种明清色的衣服；蒙古族多用紫红、橙、黄、蓝、绿等鲜艳的纯色；瑶族主要使用大红色、黑色和白色。深入分析研究不同民族的色彩运用规律与特点，在传统与现代之间寻找新的结合点，增加服装色彩设计的现代感，是服装色彩设计构思中不可忽视的一个方面。

4. 绘画色

从古典绘画到印象派的色彩表现，从洛可可艺术到现代派艺术的色彩风格，从蒙德里安的冷抽象到康定斯基的热抽象，从东方艺术到西方艺术，对色彩艺术的探索与追求为我们留下了蕴藏丰厚的色彩艺

图 7-4 陶器的色彩纹样

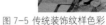

图 7-5 传统装饰纹样色彩

图 7-6 民间艺术色彩

图 7-7 民间艺术色彩

图 7-8 梵高的绘画色彩

术宝库，大大地丰富了服装色彩的表现方法与手段。在服装色彩设计构思中，从中得到借鉴与启示的成功之作很多。例如，法国服装设计大师伊夫·圣·洛朗善于将绘画作品与服装设计融为一体，展现出别具一格的色彩魅力，如后印象派画家梵高的《鸢尾花》《向日葵》，以及抽象派画家蒙德里安的《红、黄、蓝三色构图》，都曾经被用在他的服装设计作品中而

图 7-9 图片色　　　　　　　　　　　　　图 7-10 色彩的采集与移植

轰动一时，成为了设计经典。另外，他还曾将立体派主义创始人毕加索和野兽派大师马蒂斯的作品以及"波普艺术"表现在他的服装设计上（图 7-8）。

5.图片色

在日常生活中图片广泛存在。图片的内容可以包揽世上的一切。图片色指各类彩色印刷品、摄影作品、色彩设计作品等所包含的色彩，其内容或是繁华的都市夜景，或是平静的湖水，或是秋林的红叶，或是红花绿草，或是高耸的现代建筑物，也或是沧桑的古城墙……这些都会对服装色彩设计产生影响（图7-9）。

二、色彩采集方法与重构

在服装色彩设计中，将所采集的色彩素材进行分析、整理，运用组合、归纳等手段，通过设计师具有创造性的艺术想象力，以艺术美的形式表现在服装色彩形象中，与服装的款式造型、面料肌理等诸多方面因素构成和谐统一的整体，并融入设计者的内在情感，体现出独特的设计理念和风格追求。在色彩的采集与重构过程中，要善于从平凡的事物中去观察、发现别人没有发现的美，逐步去认识客观色彩中美好的色彩关系以及借鉴美好的形式，将原色彩从限定的状态中抽出，注入新的思维，重新构成，使它达到完整的、独立的、富有某种意义的创作目的。

服装色彩设计的采集与重构方法具体可概括为以下几种：

1.采集移植法

将色彩对象（自然的和人工的）整体或部分有选择性地采集下来，按原色彩关系和色彩面积比例做出相应的色标，按比例运用在服装色彩中。其特点是主色调不变，原物象的整体风格基本不变（图7-10）。

2.采集变调法

依据所采集的色彩形式找到其色标在色立体中的位置，再上下、环周、或表里纵向移位，得到不同程度的色相、明度、纯度变化，强化或淡化原有的色彩形式，从而在服装作品中形成新的色彩倾向（图7-11）。

3.采集归纳法

在配色过程中，对纷繁复杂的自然物象色彩关

图 7-11 色彩的采集与变调

图 7-12 形与色的同时采集与归纳　　　　　　　　　　图 7-13 色彩情调的归纳与提炼

系进行秩序化的梳理，使其色相、明度、纯度关系的变化规律化，将局部细节淡化或省略，保留和加强物象基本的色彩属性，使其趋向性更大，服装色彩的整体形象更加强烈、鲜明，主色调感更强。甚至将典型的色彩特征重复再现，形成色彩搭配的秩序感和韵律美。

（1）形、色同时提炼。是根据采集对象的形、色特征，经过概括与抽象的提炼，重新形成适合于服装款式色彩的构成形式和特征（图 7-12）。

（2）色彩情调的提炼。根据原物象的色彩情感，色彩风格做"神似"的重构，重新组织后的色彩关系和原物象非常接近，尽量保持原色彩的意境。这种方法需要对色彩有深刻的理解和认识，才能使其重构后的色彩更具感染力（图 7-13）。

4.采集重构法

重构指的是将原来物象中美的、新鲜的色彩元素注入到新的组织结构中，使之产生新的色彩形象。采集重构的目的，重在体味和借鉴被借用素材的色彩配置，完成一个有自己的发现和理解的创构过程。

（1）整体色不按比例重构。将色彩对象完整采集下来，选择典型的、有代表性的色不按比例重构。

图 7-14 色彩整体色不按比例重构

图 7-15 部分色的重构

图 7-16 柔美型　　　　　　　　　　图 7-17 甜美型　　　　　　　　　　图 7-18 田园型

这种重构的特点是既有原物象的色彩感觉，又有一种新鲜的感觉，由于比例不受限制，可根据形式美感和设计意图将不同面积大小的代表色作为主色调（图7-14）。

（2）部分色的重构。从采集后的色标中选择所需的色进行重构，可选某个局部色调，也可抽取部分色。其特点：更简约、概括，即有原物象的影子，又更加自由、灵活（图7-15）。

第二节　色彩设计的组合类型

一、柔美型（图7-16）

柔美型色彩意象组合以淡柔和的清色为主，辅以白色与少量淡浊色的色彩组合。其明度为高短调式，色相多选用红、橙、黄橙等类似色，用白色、淡绿、淡黄、淡紫等作配色。它具有柔美、温和的意象，能营造出梦幻似的恬淡气氛。柔和的色调以表现清纯、富有幻想的青春情趣为宗旨，具有轻松、娇美的观感，是女性化特有的色调。

二、甜美型（图7-17）

与柔美型相比，甜美型色彩意象组合增加了明度差，纯度也提高了，色相以红、橙、黄色为主，配以黄绿、绿、青绿，具有积极生动、平易近人的视觉效果。甜美型的色调表现了单纯、乐观的心态，是天真少女、儿童喜欢的色调。在配色时要先选定基本色调，可用少的色数色相统调，也可以用多的色数

纯度统调，后者较前者增添了活跃气氛。明度方面巧妙地利用白色，能很好地协调配色，并产生明快感，从而构成活泼、俊俏、甜美的意象。

三、田园型（图7-18）

田园型色彩意象组合的色相集中于黄和黄绿色系，色调主体明度适中，稍微加入暗色、淡黄色、米黄色、米白色等强调色，以增大明度差。这类色源自于草木、泥土、沙石，给人们以触摸着大自然的感受，

图 7-19 兴奋型

图 7-20 随意型

图 7-21 华丽型

具有温和、自在的风格。这类自然、亲切的服饰配色，洋溢着自由、舒适的气氛，是富有人情味的休闲装配色。利用接近材料本色或与材料相关的自然色，是最和谐的，应尽量少用强烈的明度对比。

四、兴奋型（图 7-19）

色相以兴奋感的颜色为主流，组合鲜艳的蓝、绿、黄色系色与黑、白等色。高反差的色相对比和明度对比，形成强烈的节奏，是强劲的、动感的配色，具有耀眼的、令人跃动的刺激效果。这是年轻人的色调，热情、冲动，常用于运动装，既能激发运动员的兴奋情绪，又由于识别性好、易观看的优点，能给观众以强烈的情绪感染。对竞争激烈、对抗性强的竞技运动尤能呼应气氛。如美式橄榄球、高山速降滑雪、汽车拉力赛等竞赛用运动服，多采用这种色彩组合。

五、随意型（图 7-20）

色相以明快的清色为中心，施以少许黑、白色，以增强明度节奏。主色可以从黄、橙、红、绿、蓝系中选择某色形成色调，再选用一种或多种强对比色作点缀。暗紫色可作配色，但不宜作主色。根据需要选定主色，配色以华丽多色相配为主，若有效地利用黑与白色，则能呈现清爽的对比效果。

这种非正式的色调出自以色相变化为中心的配色，最易形成愉快、轻松的韵律，具有创造动态效果的优势，是迷人的配色，是现代服装色彩的主流。它在服饰中的适用性很强，主要宜作日常生活装、舞台表演服装。它适合年轻人，与他们追求轻松、活跃气氛的生活方式很协调。在童装、少年装中它也是使用率最高的色调。同时在运动装上它也很有魅力，相对于兴奋型，它增加了柔和感、韵律感，更适于侧重技巧性、艺术性的运动项目的运动装及各种运动便装。于中年妇女装来说，则是具有年轻感。

六、华丽型（图 7-21）

以中明度或偏低明度的华丽色为主流的强调性配色，其变化主要来自色相差。组合中以多色相为主，更易形成华丽的效果，是充实、成熟感的色彩搭配，有浓厚的、豪华的意象。华丽的配色传达出富有感、成熟感，是成年人的色调。

以略含灰色的暗调组合的华丽服色，具有高品味，是具有考察感、精心感的配色。若与高品质材料、讲究的做工与高贵的仪态相配合，再加上精致的饰品，可以显示出华贵非凡的气度。如果是鲜艳的多色相组合，则能创造灿烂、辉煌、光辉等意象；若以红色为主，便有喜庆、热闹等意象。

华丽的配色广泛适用于成熟的女性和男性。华丽的色调以展示生活的高品质来提高身价，颜色以浓味的紫色、红色、橙红色为中心，配色数目可多可少。如果主调偏向冷色味，能强调矜持感、高傲感；如果主调略带浊味，则倾向于沉稳、豪华感，宜于男性及年龄较大的女性。

图 7-22 优雅型

简洁地强调出坚硬、锐利的清爽意象。明度、纯度对比强烈，使用的色数少，有机械性的洒脱感。时尚感主要含有简洁、敏锐、清爽、机能性等内容，是现代服装中使用率颇高的配色形式。这类配色适用于男女，长幼皆宜，几乎不受年龄限制。这种配色的男装与职业女装能给人留下干练、爽快的印象。

在服装上使用时，经常只用黑、白两色对比，这是较容易取得效果的搭配，也是服装永恒的色彩主题。以黑、白为中心，根据主题的需要可以从面积对比及配色色相上取得变化。若要加强庄重、坚实感则以黑为主，若要表现快捷、清爽感则以白色统调，若加强色彩表现力则可适当添加小面积艳色点缀。

时尚色彩崇尚现代文明的生活方式，是反传统的精练的、职业感的洒脱感色彩组合。

九、清爽型（图 7-25）

以冷色系的较明亮清色与白色为主调，以黄、黄绿等色的强调配色，色相统一感强，有凉爽、新鲜、安静之感。

这种组合为许多性格内向、文静、追求平静生活情调的人所偏爱，也适用于炎热及温暖气候中的各种类型的服装，有不分年龄的适应性，若成年男士则略带灰色味更好些，中年或老年女性亦然。这种服色使人产生镇静、清凉的心理效果。色彩配置应以冷色系或白色统调，适当配以黄、黄绿等色。

七、优雅型（图 7-22）

以浊色为主，明度适中，有意识地抑制纯度及明度对比。配色具有高雅、稳重的意象，并给人以深思熟虑、高度洗练的感觉。

它是女人味十足的配色。优雅、端庄是女性化的象征。对女性尤其对职业女性而言，用心地选择适合个人的色调，可以显露高雅的品味。优雅意象的服饰是纤细、考究、展现成熟品味的女性化装扮。优雅型服装色彩可以依据个人品味选择明亮的柔软色，以统一的色调感、简洁柔和的色彩搭配营造主题。

八、时尚型（图 7-23、图 7-24）

黑色与白色是配色的主导，用浊色与少量鲜艳色能

图 7-23 时尚型

图 7-24 时尚型

图7-25 清爽型

十、古典型（图7-26、图7-27）

以中明度或偏低明度的各种茶色为中心，巧妙地使用浊绿、土黄等色相配合，明度取短调或中调关系，对比柔和色彩，典雅、沉稳、洋溢着怀古的、乡土味的情调。

古典味的配色稳健而深沉，包含热情而不外溢，是成熟、有阅历的高尚男士的象征，最宜作中、老年男装配色。对中、老年职业妇女也是颇能体现身份感的。个别皮肤白晰、庄重、文静的青年女性，若恰当地配合款式、材质，则能装扮出古典主义油画般的端庄美感。

以古典、高尚感的男装为例。若以表现高品位、有资历、有尊严感为目的，颜色则要选用暗浊色主调，配以不同纯度清爽的点缀色，如绿茶色、黄绿色、蓝灰色等；若节奏中要从中透露一丝热情感，则可试用

砖红、暗红色、红茶色，通过领带、装饰手帕等小作点缀；若要表现热情、充实的一面，则可用略高明度的红茶色等偏暖的色来统调。

第三节 色彩设计的风格演绎

服装的风格是由色彩、款式、工艺、材质、配饰等要素综合体现的统一的外观效果。服装色彩能在瞬间传达出服装设计的总体特征，具有强化服装风格的感染力。对不同风格的的服装进行理性的分析总结，便于设计师利用不同的服装色彩表现不同风格主题。

不同的服装风格对应不同的服装色彩，适应不同的消费群体，传达不同的审美追求，体现不同的生活方式。经典风格和前卫风格的服装色彩形象分别连接着过去和未来；浪漫风格的服装色彩是对女性化内在品格的充分诠释；休闲风格和职业风格的服装色彩昭示着或闲适或干练的生活节奏；自然风格和民族风格的服装色彩则体现出田园风情与传统文化；运动风格的服装色彩充分展现出运动服装的机能性；另类风格的服装色彩对应着另类的思维，体现出与众不同的个性与创新性。

一、经典风格

经典风格服装又称为传统型和保守型，倾向以古典传统作为创作的灵感，具有相对稳定的服装样式概念和整体着装风范（图7-28 ～图7-30）。它的主体消费对象是有一定经济实力并以追求高雅生活为主体消费意识的高素质成熟人士。经典风格服装注

图7-26 古典型

图7-27 古典型

图 7-28 经典的西装与晚礼装

图 7-30 用经典演绎时尚

图 7-29 经典的毛织物西服套装

重深厚文化底蕴的展现，具有不受流行影响、超越时代的价值和普遍性，给人端庄、高贵、严谨、传统的整体印象。从历史上沿袭下来的传统西装领套装以及古典派欧式夜礼服样式，就是这一时装倾向的典型样式。

传统西装领套装以粗花呢、苏格兰呢、羊绒等天然纤维和精纺面料作为主要材质，色彩受到材料的左右，在主色调的选择上偏爱中低明度的褐色、酒红色、深绿色、芥末色、暗绀色、黑色等，与高明度的米色和织物本白色搭配，力求营造含蓄高雅端庄有品位的形象。

古典派欧式夜礼服象征着权利和财富，注重奢华高贵的材料质感，以具有光泽感和重量感的丝绸、天鹅绒、素缎、塔夫绸、以及印花、提花织物为主要材质，其典型用色有酒红、墨绿、宝石蓝、深紫、中灰、黑色等。以中低明度、纯度跨度较大的色彩为主色，以偏冷的蓝、紫色相为支配色，辅以黑、白、灰等无

彩色系，并用柔和的色调防止色泽之间的对比，可以诠释古韵、豪华、正统、高贵、正统的丰厚感觉。

此外，以织物本白的象牙色、米色、卡其色、奶油色以及带有不同色彩倾向的灰色进行传统西装领套装或礼服设计，也可以体现出古希腊、古罗马的典雅风范。但在使用不鲜明的淡色调和亮色时，通常以金银、珊瑚、珍珠等饰品和装饰图案来彰显贵族气质。与古典式服装色彩相搭配的妆色强调有重量感的眼部用色，以咖啡色系、紫色系为主色。发色多以自然的本色为主，造型简洁严谨。

二、浪漫风格（图 7-31、图 7-32）

浪漫风格的时装具有女性化、柔美、浪漫的主题个性，具有刻画人体曲线美的形态特性，要尽量排

图 7-31 浅紫色绸缎装浪漫飘逸

图 7-32 印花纱料轻盈柔美

图 7-33 郊游休闲的服装色彩

图 7-34 吸取运动色彩元素配色的休闲服装

除一切生硬机械的设计因素，因此采用诸如刺绣、褶皱、滚边、花边等富有手工艺感觉的设计技巧，利用柔软、轻薄、透明的材质如绸、绉缎、雪纺、乔其纱等，营造轻盈柔美而又飘逸的女性形象。洛可可时期法国服装是现代浪漫风格时装设计取之不尽的灵感来源。

浪漫风格的时装色彩以明亮、柔美而丰富的浅粉色系和橙黄色系为主体色调，以中高明度的淡蓝、粉紫色相为支配色相，着意展现优雅、娇艳、浪漫、华美的的女性风韵。浪漫风格服装色彩自然柔和，浅淡的色调、圆转的线条、轻柔的材质、斑斓的图案，表现出一种复古、怀旧的情结。

三、休闲风格

休闲风格服装讲求不拘泥于一定形式的自由轻便性，是人们崇尚轻松生活的外在心理表现（图 7-33 ~ 图 7-35）。休闲式服装具有日常性、实用性、活动性、机能性，其外形多为简洁的款式，适用于休闲场合穿着。一般有家居装、牛仔装、运动装、沙滩装、夹克衫、T恤衫、男式休闲西服等。

休闲风格的服装色彩主要来源于天然色，淡灰、珍珠灰、石板灰、钢铁灰、蓝灰、水泥色等各种中性色和浅淡色调，以及水鸭绿、石绿、红棕、绯红、紫红、藏红、蔚蓝、深蓝、墨蓝、靛蓝、黑、白等色。

根据不同的休闲方式和场合，休闲风格的服装色彩有不同的色彩组合特点。在郊游等休闲活动时，通常以米色系、泥土色系和浊色系等自然色彩为主要配色，色调和谐。轻松运动时，则从运动竞技项目服装中吸收色彩元素进行配色，采用轻快、活泼、爽朗、醒目的色调，以鲜艳的有彩色和黑白灰色进行搭配。进行具都市时尚感的休闲活动时，如夜间歌舞厅的服装色彩，常采用时髦、个性化的服饰色彩组合，如取

图 7-35 都市时尚休闲风格

图 7-36 运动风格时装

图 7-37 运动休闲服装

图 7-38 注重机能性的体育运动服装

材于夜幕霓虹、光感的纯色以及金银色系。居家
的休闲服装则强调放松、随性，多为柔和而协调
的粉色系、浅灰色系等。

四、运动风格

　　运动风格时装给人活动、实用、机能、明快、
健康的美感（图 7-36 ~ 图 7-39）。运动服装源
于体育服装、制服等实用性服装，如体育运动服、
工作服、室内运动服、野外作业服、特种防护服
等。运动风格时装追求服装的舒适性，穿着方便，
具有很强的季节适应性，以其健康、实用的设计
形象在 20 世纪 70 年代后期以后流行于时装舞台。
运动时装的色彩强调明快的色彩组合，注重机能
性的面料倾向和舒适的剪裁，男女皆宜，拥有广
泛的消费市场。

　　以追求速度感的田径运动、球类运动、自行
车运动、水上运动等为主题灵感的体育运动时装，
以有休闲感觉的夹克外套、实用裤装为主，注重
服装的剪接线，采用异色和异材料的拼接组合，
同时运用拉链、金属扣、各种有明缉线的口袋体
现机械感。为强化时尚性和个性，图案以有意义
的数字、英文字母、国旗、标志为主。色彩多采
用鲜明、清洁的对比色组，强调视觉效果强烈的
色块组合，并根据流行趋势和实际需要添加金属
色或荧光色，最终以白色或者黑色为添加色进行
调和统一。

图 7-39 滑雪装用亮丽荧光色具有较强视觉冲击力

图 7-40 都市风格女装

图 7-41 都市时尚男装

以依据滑雪、冰上运动、登山运动等野外活动而设计的冬季运动装，多采用封闭式、防护式，以羽绒服、北欧格调的针织套装以及登山服为中心款式，局部装饰拉链、金属扣、口袋以及缉线装饰。面料以弹力加工、涂层上光等经过特殊处理的为主。色彩一般采用柔和、温暖、清洁的中性色调，用银色、荧光色、金属色等鲜亮色作为点缀，整体感觉明朗、亮丽，具有较强的视觉冲击力，既适合户外运动的情境氛围又有出于安全性的考虑。

五、都市风格

都市风格是在整体造型上借用男装廓形款式的一种服装风格，具有简洁、严肃、干练的风格特征（图7-40、图7-41）。

都市风格服装常采用军服、正统规范的男子都市职业服和日常休闲服作为设计灵感，典型样式是以西服、背心、裤子、男士风衣、衬衫、领带为主体的组合变化。在应用男子服装样式时，必须注入女性服装中相对柔和的元素，强调流行趋势，体现女性时装中新鲜、年轻、活泼、设计变化因素。

这类服装以具有男性都市服装特征的面料为主体，颜色以沉稳、正统、自然的茶色、藏蓝和灰色配以白色为常用色，塑造单纯而简练的现代都市女性的

硬朗形象。此外，褐色系、绿色系之间的配色也可表现出阳刚的气质。

六、职业风格

从功能上来看，职业服装是某个团体或工种的具有标志性的服装，包括办公服、制服、劳动服、体育服等。职业服装色彩要求能够代表企业形象、适应工作需要、迎合社会评价、符合社会潮流。从产品的角度分，职业装可以分为西装、时装、夹克、中（西）式服装、制服和特种服装等。

1. 特殊行业职业服装（图7-42）

特殊行业服装具有与其他服装完全不同的特性，即社会职业特殊性，如邮政、交通、医疗、保险、工矿企业等用服。根据不同行业的不同要求，特殊职业服装色彩有所选择。如乘务员和餐饮业服务员的服装应有鲜明的标识性色彩；强调卫生感的职业服装要用白色和高明度的清色系；强调生产安全的要选用橙色等醒目的颜色；军人服装可根据以海、陆、空的邻近色为保护色；海关职员和警察则以沉稳的暗色为宜。

2. 办公室职业装（图7-43、图7-44）

办公室职业装要求稳重含蓄，应给人优雅舒适的感觉。一般来说，中性色是职业装的基本色调，如白（漂白、乳白等）、黑、米色、灰色、藏蓝、驼色等。

图7-42 乘务人员服装   图7-43 深色办公职业装   图7-44 浅色办公职业装

图7-45 职业风格时装

根据不同场合、不同时间，选择不同色彩与之相配。春季可用较深的中性色，夏季可用较浅的中性色。

3.职业风格时装（图7-45）

职业风格时装以都市化和高科技氛围为中心，追求富有探索进取心的干练形象，是具有成熟和都市气质以及精明之美的上班族们追捧的形象。在色彩设计上以突出现代都市气质和职业特征为其主要目的，具有时尚的、高雅的、敏锐的整体印象。它以无彩色系的白色、黑色、灰色系列为基调，偏向有强烈的色彩对比和明度对比的配色。常以大面积的冷色或无彩色与某一高纯度的颜色搭配。

七、自然风格

自然风格是追求原始的、田园的、纯朴的美，自然风格服装最基本的特征是朴实、大方、轻松、舒适、健康，强调自然、随意、休闲，在不刻意的修饰中展现浑然天成的魅力，回避华丽、小气感（图7-46、图7-47）。

自然风格以明快清新具有田园气息为特征，摈弃经典的艺术传统，崇尚不加修饰的简约和朴素风格。款式方面，常取材于游牧民族、劳动服装，如简洁的无领外套、格子裙、A字裙、T恤衫、棒针衫、牛仔裤等服装造型，整体感觉简洁、舒适、宽松。材质方多采用棉、麻、丝等天然材料，以粗糙质感的为主，结合粗犷的毛织物、皮、毛、金属等搭配。

自然风格服装的色相多取材于自然界的草木、沙石、泥土、海洋等，给人们以触摸大自然的感受，洋溢着自由、温和的气氛。除了大量运用中明度的草木色、沙石色外，也运用赤、黄、黄绿、紫等色系，

运用自然界花朵的色彩，以浓郁华美的色彩进行对比，表现自由、野性、奔放、快乐的意象。

如高田贤三（Kenzo）品牌作为田园式服装代表，注重自由的精神内涵，常采用传统和服式的直身剪裁，善于取材于自然的色彩，同时将东方瑰丽而神秘的色彩与异地文化重新融合以打造新时尚，展现出一种奔放中带有感性的美。

八、民族风格

民族风格服装给人原始、自然、田园、朴素的总体印象，反映了生活在现代都市的人们回归自然的心理需求（图7-48、图7-49）。民族风格服装以目前存在的世界各地的民族服饰特点作为灵感源，采用富有民族特征以及手工味强的天然面料和配饰，在设计上特别注重研究服装的层次搭配关系、穿着方式、服饰色彩的变化组合。

民族风格的服装色彩，与不同民族的自然环境、生存方式、传统习俗以及民族个性有关。民族风格色彩设计多取材于亚洲、非洲和中东等地的民族色彩，

图7-46 牛仔面料自然朴素而粗犷

图7-47 贴近自然的色彩洋溢着自由的气氛

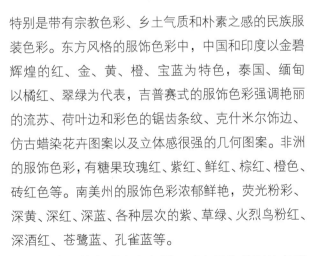

图 7-48 民族传统的服饰色彩

图 7-49 民族服饰色彩与时尚的结合

特别是带有宗教色彩、乡土气质和朴素之感的民族服装色彩。东方风格的服饰色彩中，中国和印度以金碧辉煌的红、金、黄、橙、宝蓝为特色，泰国、缅甸以橘红、翠绿为代表，吉普赛式的服饰色彩强调艳丽的流苏、荷叶边和彩色的锯齿条纹、克什米尔饰边、仿古蜡染花卉图案以及立体感很强的几何图案。非洲的服饰色彩，有糖果玫瑰红、紫红、鲜红、棕红、橙色、砖红色等。南美州的服饰色彩浓郁鲜艳，荧光粉彩、深黄、深红、深蓝、各种层次的紫、草绿、火烈鸟粉红、深酒红、苍鹭蓝、孔雀蓝等。

民族风格色彩丰富多样，对多民族的服饰色彩风格进行融化和吸纳，追求和而不同的现代感，是全球化时代民族式服装的设计主线。

民族风格时装的色彩整体强烈、浓郁、古朴、厚重，常以大面积高纯度的颜色互相搭配的方式出现，色相丰富，注重纯度对比和明度对比。采用稳重的黑色、棕色以及靛蓝、白色与丰富艳丽的民族色彩

搭配，可以平衡五彩颜色之间的矛盾与冲突，达到整体和谐的效果。

九、前卫风格

前卫风格的服装体现了青年人的流行时装倾向，没有强烈的性别特征，充满现代时髦感（图 7-50 ~ 图 7-52）。同时，注重个性化的服饰配套方式，装饰语言刺激、开放、强烈、奇特，图案夸张。20 世纪60 年代的嬉皮族、奇装族、孔雀族，以及 70 年代的朋克族，是典型的前卫服装样式灵感来源。前卫风格服装个性强烈，强调面料外观的独特性，以有光泽感和人工味强的缎类、化纤等面料为主，追求意料不到的面料搭配效果。

前卫风格的服装色彩以黑、白色和具有荒诞虚无感的色彩为特征，通常以金属色作为点缀。黑色皮革以及高彩度的荧光色交相呼应，如同都市夜晚的霓虹灯、激光束，绚烂、刺激、丰富。锁定年轻人为消费人群的服装品牌，通常都会从嬉皮族、奇

图 7-50 黑与白色具有荒诞虚无感

图 7-51 荧光色、霓虹色的绚烂与刺激

图 7-52 富于戏剧化的前卫装束

图 7-53 以金属色表现未来题材

装族、孔雀族、朋克族的服装中汲取灵感，从而设计出活泼、敏捷、新鲜、时髦、现代的先锋式服装，强调快乐与性感，设计风格非常鲜明，是美感极强的艺术先锋。

十、另类风格

另类风格服装是与经典形式相对立的服装风格，在立体派、抽象派、野兽派、波普艺术等现代流派的影响下，现代艺术家竭力追求表现自我个性而纷纷打破传统风格，追寻另类的服装风格（图 7-53、图 7-54）。款式夸张大胆，运用不对称、对比强烈、立体的装饰元素。

另类风格服装色彩具有明度、纯度偏高或偏低的特点。表现未来题材的另类服装常以灰色、黑色、金属色为主色，单一的白色则具有现代感。

图 7-54 单一的白色具有现代感

另类风格服装是艺术形态中带有激进性质的构成种类，其对审美意义的理解与阐释，基于对客观实际的现存文化的反叛与挑战，体现出传统与现代、崇高与世俗、保守与创新的观念碰撞和心意畸变。另类形象由试验性要素强的设计或各种奇妙的设计构成，在形态、颜色、设计等方面带有试验性，其服装配色大胆但缺少普遍性，只被极少数人所接受，体现出革命的、意想不到的、叛逆的、独特的、另类的、前卫的个性。

　　另类风格服装也有强调色彩搭配繁复与混杂的设计，色相不定，色彩对比强烈，冲击力较强。有时用色彩构成锐利、有冲出力的几何图案，总体上给人冷酷的、年轻化的感觉。

第八章 服装色彩的整体和谐

服装色彩的整体和谐是各种文化要素聚集整合化的结果。影响服装色彩的综合因素很多，有人本身、服装、自然环境、社会环境和文化环境等多种因素。

图 8-1 棉织物色彩自然朴素

图 8-2 麻织物色彩内在含蓄

第一节 服装色彩与面料

服装面料是服装产品的物质基础，同时也是服装色彩的物质媒介。不同的服装面料材质与面料纹样对服装色彩的表现效果有不同的影响。如何运用不同的服装面料特征来表现服装的色彩美是服装色彩构成的一个重要因素。

一、面料材质与色彩表现

由于服装面料的原料成分、制造方式和工艺流程不同，其表现出不同的质地形态与色彩效果。

1. 材质的类型与色彩

（1）棉织物。色彩相对稳定，明度稍暗，色彩表情自然、朴素，给人舒适和亲切的感觉（图8-1）。

（2）麻织物。质地优美，色彩较为浅淡，明度、纯度适中，色彩表情内在含蓄（图8-2）。

（3）毛织物。色彩明度多为中明度和低明度，纯度多为中纯度和低纯度，色彩表情沉稳、厚重，给人沉着、朴实、舒适的感觉（图8-3）。

（4）丝织物。光泽感强，色彩多为高明度和高纯度，尽显华丽、高贵、精致气息（图8-4）。

（5）化纤织物。反光，色彩鲜艳明亮，色彩表情为浪漫和神秘（图8-5）。

（6）混纺织物。集多种材料优点于一身。如锦纶具有真丝的手感，与丝混纺，感觉华丽。莫代尔（Madal）纤维可与多种纤维混纺、交织，发挥出了各自纤维的特点，其色泽光亮，是一种天然的丝光面料（图8-6）。

（7）毛皮革面料。毛皮外观的华丽与否取决于

图8-3 毛织物色彩沉稳厚重

图8-4 丝织物色彩华丽高贵

图8-5 化纤织物色彩浪漫神秘

图8-6 混纺织物色彩华丽而鲜艳

图8-7 毛皮材料色彩富丽高贵

8-8）。漆皮具有较强的光泽，光感冷漠，色彩明艳照人，给人以前卫、时尚之感（图8-9）。

（8）其他材质。塑料、金属、玻璃、珠饰等具有现代感的工业材质光泽度好，色彩亮丽、鲜艳（图8-10）。木、竹等自然材质，色泽自然朴实。贝壳表面肌理感强，色彩丰富自然。天然羽毛颜色多彩自然，或鲜亮或深沉，为服装增添了几分原始感。

2.单一材质的色彩变化效果

把某种面料通过皱褶、褶间、

毛的长短、颜色、光泽和紧密程度。毛皮的色彩取决于动物的种类以及毛的光泽度。毛皮特殊的视觉效果，为纺织服装增添了一种高贵的气质（图8-7）。

天然皮革是以动物毛皮中的真皮层为原材料制成，色彩以中纯度为主，色彩表情冷艳而高傲（图

抽缩、堆积、镂空等手段改变材质表面的肌理形态，使其形成浮雕感、立体感，并具有强烈的空间感和触摸感，能创造出新的视觉效果。如细麻纱、巴厘纱、绸缎等，表面较细腻、光滑而平整，设计时可运用褶裥、剪切、拼接、斜裁、加荷叶重叠边等方法，

图8-8 天然皮革材质厚重、光感柔和

图8-9 漆皮光感强烈、色彩明艳

图8-10　工业材质反光度高、色彩亮丽　　图8-11　采用重叠的手法改变材质表　　图8-12　采用镂空手段形成浮雕感或立体感
面的肌理形态

图8-13　采用堆积的手法增强色彩变幻的效果　　图8-14　毛织物与丝织物的搭配效果　　图8-15　丝织物与毛皮材料的搭配效果

使服装产生立体感且富有变化，以达到新颖的效果。又如蝉翼纱、薄纱、雪纺纱等，质地轻软而又较透明的材料，设计时可采用重叠的手法，增强朦胧变幻的效果（图8-11 ~ 图8-13）。

3.不同材质搭配的色彩变化效果

由于各种面料的质地形态与肌理形态的不同所形成的不同意象，使服装色彩在不同的质料上表现出不同的美感效果。例如同样的一种红色，在漆皮面料上的色彩表情是豪华、辉煌的，在雪纺纱织物上的色彩表情是轻松的、优美的。由此可见，不同的面料表面的组织结构的不同，直接影响着服装面料色彩的变化，这种影响主要体现在色彩的明度和纯度的微妙变化上，而色相影响较小。例如：光滑的面料质面反光能量强，色彩也会随着光的变化而显得不稳定，使色彩看起来比实际明度高，而粗糙的面料质面反光量弱，表面色彩相对稳定，看上去会与本身明度接近或稍暗一些。同时随着明度的变化也会给纯度带来相应的影响。总之，服装色彩与服装面料材质是相互联系、相互影响的，面料材质是色彩依存的基础，又是体现色彩性格的关键（图8-14、图8-15）。

二、面料纹样与色彩形式

在服装设计中，服装面料可分为单一色相面料和花色面料两个类别面料，花色面料是指具有一定色彩纹样的面料，其色彩形式与面料纹样图底关系和图案纹样的变化有关。

1. 面料纹样图底关系与色彩配置

花色面料色彩与面料纹样之间存在着相互依赖的关系，面料纹样的色彩关系是由纹样色彩和底色构成。面料纹样及底色的色彩面积大小决定了整体面料的色调，当面料纹样的色彩面积小而底色面积大时，底色为主调色；当面料纹样色彩面积大而底色面积小时，则纹样色彩为主调色；当花色面料的色彩倾向不明确时，可根据设计的意图从面料花色中选择一两个色反复使用，利于整体的统一。

（1）清地纹样。面料中的纹样所占面积小，底色所占面积大，图底关系清晰。为突出艺术效果，纹样大小、色彩搭配比例具有整体性和统一性，能够准确地表现其底色色调（图8-16）。

图8-16 清地纹样

（2）混地纹样。面料中纹样面积与底色面积大致相等。混地纹样表现的重点是纹样，一般通过纹样与底色的色彩对比，使纹样表现出不同程度的视觉效果，或表现出互为图底模糊的图底关系。同时注意服装结构、衣褶的变化，避免出现平均化状态（图8-17）。

（3）满地纹样。面料中纹样所占面积远远大于、或者完全占据底色的面积。重点在于表现图案的造型、色彩等整体风格，对较为次要的填充底色纹样进行弱化处理（图8-18）。

图8-17 混地纹样

（4）件料纹样。在服装设计时，以服装的整体形态为适合单元的面料纹样称为件料纹样。它可以是单独纹样，也可以是适合纹样，纹样的布局与风格可以根据服装的结构和款式紧密，以达到变化丰富、整体和谐的视觉效果（图8-19、图8-20）。

一般纹样色是向前的、集中的、引人注意的，底色是向后的、分散的、不引人注意的，起着衬托主要纹样的作用。所以，辅助色处于面积、位置的次要地位，色性也较弱，但它又是整体色调中必不可缺的颜色，起着串连、补充和点缀的作用（图8-21）。在使用多色面料纹样时，适当加黑、白、灰中性色面料，可达到整体服装色彩效果的统一。如用红、绿、黄、紫等鲜艳对比的多色面料作长裙时，搭配黑色或白色上衣、帽子、外衣，具有活泼而稳定之感。

2. 面料纹样与色彩的变化

图8-18 满地纹样

图 8-19 单独纹样件料

图 8-20 适合纹样件料

图 8-21 底色起着衬托主要纹样的作用

图 8-22 点的变化

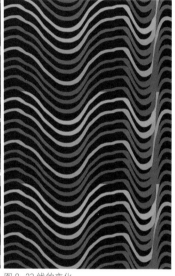

图 8-23 线的变化

图 8-24 宽窄的变化

图 8-25 浓与淡的变化

图 8-26 动与静的变化

图 8-27 疾与徐的变化　　　图 8-28 疏密的变化　　　图 8-29 虚实的变化

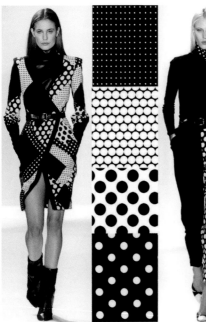

图 8-30 黑白点子纹表现女性的成熟美　　　图 8-31 彩点表现少女的天真活泼　　　图 8-32 仿生点纹表现女性的时尚感

图 8-33 均匀的条纹具有传统感　　　图 8-34 不均匀的条纹具有现代感

纹样有着自身构成的各种规律，其色彩也有其变化的种种规律。纹样的变化多种多样，概括起来有这样几种：一是形状的变化，即点与线、线与面、点与面、方与圆、尖与锐、曲与直、规则与不规则型的变化等（图8-22、图8-23）；二是量的变化，即多与少、大与小、长与短、宽与窄、浓与淡的变化（图8-24、图8-25）；三是态势变化，即动与静、聚与散、抑与扬、疾与徐的变化（图8-26、图8-27）；四是布局变化，即主从、繁简、疏密、虚实、纵横等的变化（图8-28、图8-29）。

花色面料构成的色调常由多种颜色组成，因此不仅纹样的造型与色彩间有着密不可分的关系，纹样的色彩与色彩间也必定要确立出某种关系。纹样的造型、色彩、底色三者之间相互影响、相辅相成，形成一个层次分明又变化丰富的花色面料的整体关系。

3. 常用的面料图案纹样与色彩的变化

（1）点子纹样（图8-30～图8-32）。在服饰图案中，点是最简单而又最具变化性的图案。点子纹有由大小相同的点子、大小各异的点子、形状不同的点子构成的图案纹样。有等间隔规则排列的或间隔不等的点纹种类。规则点纹中的圆点最为常用，如著名的波尔卡点子纹即是一种深底色上白圆点的传统图案；不规则点子纹如仿生的豹纹、斑点花纹等。点纹面积形态的对比和位置疏密变化，能赋予图案以动感、韵律和种种独特的刺激感。不同形式的点纹搭配相应的色彩和图案，面料就获得了新意。

点子与背景往往以对比强烈的居多，如素雅而活泼的黑白点子纹，富于成熟之美的红地黑点，强烈又沉着的黄地黑点等。点子与背景的配色也可以柔和而平静，表现出一种宁静安详的效果。彩点能产生欢快的气氛，但要掌握分寸，不要失之于喧闹。

点子纹特别宜表现女性的妩媚和儿童的稚趣。女性的裙子、衬衫、围巾以及儿童的四季服装都可以用点子纹，有时男性领带也用。点纹多见于印花织物，提花点子纹则具有较强的立体感。点子纹多见于轻薄型的丝绸、棉、麻及其化纤仿制品。

（2）条格纹样（图8-33～图8-37）。条格纹织物可以通过经纬条子的粗细、深浅、排列间隔、色彩变换来表现出不同的节奏和力度，也可

图8-35 格子纹女装

图8-36 格子纹男装

图8-37 kenzo 格子纹女装设计

以借此来强调或夸张某一维度的延伸。在几何学中，条子代表轨迹、距离和方向，格子代表一种空间、结构的特定含义。所以设计师常用条纹来勾画人体的曲线、轮廓，并运用直条纹和横条纹来对人体的高矮胖瘦进行视错调节。格子纹易使

人在心理上产生一种稳定感、规整感和体积感，因此格子纹为男士所偏爱。印花条格纹也独具韵味。条格纹在中国古代叫"间道"，条格纹布常被用来制作裙或裤。欧洲服装中条格纹常以洁静优雅和古典风格出现，如传统的苏格兰妇女的格子呢披肩和男士的格子呢苏格兰裙，以及19世纪中叶的克里诺林裙常采用较大的厚重的格子布制作。条格纹除了适合男子的衬衫、夹克、西装、裤子、领带和帽外，也适合女子的围巾、裙子和裤子。当然，各种运动装和便服也可广泛采用条格纹。条纹一般以印花织物为主，而格纹则以色织物居多。采用的纤维原料主要为棉、毛、麻和各类化纤制品。

（3）花卉纹样（图8-38、图8-39）。花卉一般都是以对称向心的结构出现，符合形色美法则中的对称美和秩序美。每一种花的花瓣都具有非常优美的弧形外轮廓线。花卉属植物类，有向光性、向地性、向水性的特点，整体看具有一定的动势，并透出生命感。花卉的品种繁多，即使是相同的种类，也有大小、形态、颜色的区别，在设计中容易获得各种不同的组合效果。如满地花样气氛热闹，清地花样淡雅宁静，大花型花样热烈奔放，小花型花样精美纤细。

花卉纹样要主次分明、层次清楚、疏密得当、虚实相映，才能够显得生动活泼、绚丽多姿。花朵单体较小，适合多个成群出现，可以形成团花状，也可以作为辅助图案与大朵的花相互映衬。散点状和剪影式

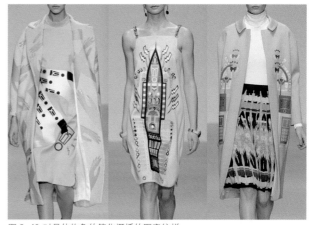

图 8-40 对具体物象的简化概括的图案纹样

图 8-41 以色彩、线条形成的块面来传达情绪　　图 8-42 形状变化与对比

花朵，比直接应用的花朵图案更为含蓄。写实花卉图案设计应注意色调的统一、花朵的大小穿插以及其所形成的主次关系。

在面料选择搭配上，上装与下装都为花卉图案时，以不同色彩、不同大小和不同风格的花卉图案的混合搭配为最佳。上、下装的花卉图案设计应当有所区别，最好是一大一小，一个具象一个抽象，但应当将其统一在一个色调中。尽量避免比较抽象的花卉图案和规则的花卉图案同时出现。

图 8-38 写意花卉图案　　　　图 8-39 写实花卉图案

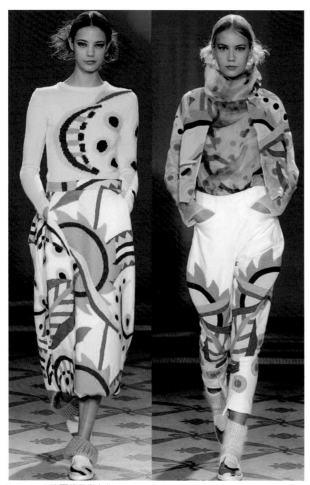

图 8-43 点线面的节奏变化

（4）抽象几何纹样。一种类型是从自然物象出发，对具体形象加以简化，抽取特征因素，形成简练、概括的形象（图 8-40）；另一种类型是几何构成，不以自然物象为基础，而是通过独特的形式，以色彩、线条形成的块面、形体和构图来传达各种情绪（图 8-41）。

抽象几何纹样设计应注意点、线、面的形态及大小变化。在造型上，有大与小、方与圆、高与低、曲与直以及形象比例的对比（图 8-42）。在构图上，有主与次、聚与散的对比以及方向位置的对比。要注意点、线、面的节奏变化，也就是把形象从大小、虚实、明暗、疏密、方向等方面给予规律化的组织排列，赋予其一种韵味（图 8-43）。抽象几何纹样搭配设计的关键在于以底色为依据，以底色为主色。如着装时以图案底色的同色系或对比色系搭配，配饰应选择与图案相同的颜色。

第二节　服装色彩与人体

人自身的形体是服装色彩设计诸要素中最重要的要素之一。良好的形体能予以人广阔的色彩形象设计空间，但后天的塑造也是相当重要的。成功的色彩形象设计不仅能突出人的自然形体美，还能够弥补和调节人体的缺欠，达到扬长避短的美化目的。

人的体貌特征体现在每个人体的每一部位的具体比例的差异上，通过不同明度和纯度的色彩搭配组合，借助色彩的视错觉，可以塑造出一个主体形象造型的理想形象。

一、服装色彩对形体的修饰

富于收缩感的深色、冷色可以塑造出苗条形象，竖色条纹也能在视觉上使胖体型纵向拉长。淡色、暖色可以放大削瘦体型的体量感，横色条纹也能使形体横向舒展，增加丰满度。瘦弱女性若用清冷的蓝绿色调或高明度的暖色，则容易显得单薄透明、弱不禁风。

图 8-44 黑白色服装具有不同的体量感

图 8-45 暖色、横色条纹可以增加形体的丰满度

图 8-46 上下装色彩统一使身材显得高挑   图 8-47 色彩素浅样式宽松的长裤长裙显下肢丰满   图 8-48 腰带的细腰效果

高大型体的服装一般不宜选用鲜艳的大花型浅色面料，而小花型隐纹的单色深暗面料则可以避免扩张感（图 8-44、图 8-45）。

利用上装与下装色彩相近的温和色调，有增加身高的感觉；若上下装颜色反差过大，则相反。此外，可以采用深浅或花色不同的颜色作为装饰，引导视线上下移动，产生增高的感觉。如上下装均为深暗色调，则需要高明度或高纯度的发饰、发色、衬衣、丝巾等来调节，引导人视线上升。对于臀大腿粗的体型，上装宜采用高明度色调，下装与袜子用暗色调的简单款式，突出上装，掩饰体型缺陷。对于臀小腿细的体型，应避免深色面料的紧身裙或裤，选用色彩素浅、式样宽松的长裤或褶裙，以显下肢丰满。对于腿短的体型，最适合高腰线的连衣裙，或利用服装色彩的反差以及腰带提升腰线的位置，使下身拉长。此外，上装色彩和图案应比下装华丽显眼，腿部和鞋袜的颜色要统

一。若腿短且个子矮小，可选择统一色调的套装，不宜穿色彩相差很大的上下装，以免将上身与下身截然分开，从而看上去显得更短（图 8-46、图 8-47）。

粗腰型体的女性，可以穿深色的外套，并束一条与外套色彩相近的细腰带，以产生细腰效果。肩部太宽的女性，可采用深色、冷色且单一色彩的上衣外套，可以裸肩，以使肩部显窄些，不宜使用加垫肩的服饰，不宜使用横条面料，应力求简洁。窄肩的女性，上装可用浅色横纹衣料，下装宜用偏深的颜色，更加衬托出肩部的厚实感。同时，可在肩部叠加厚重装饰。胸部过小或平胸的女性，应选用质地轻薄、飘垂、宽松的上衣，色调宜淡不宜深、宜暖不宜冷，上装用鲜艳、明亮色调的褶皱来装饰，可使胸部显得丰满。胸部过大或丰满的女性，宜穿宽松式上装和深色、冷色并且单一的色彩，上装款式不宜繁复，以避免视觉停留（图 8-48 ~ 图 8-50）。

图 8-49 裸肩及简洁的肩部设计

图 8-50 明亮色调的透明、层叠、褶皱上装使胸部显得丰满

图8-51 X型女子可以尝试多种色彩形象

图8-52 V型女子应强调腰、臀和腿部色彩

和下摆线上的色彩细节来转移对腰线注意的视线。采用色彩对比较强的直向条纹的连衣裙，再加一根深色宽皮带，能消除没有腰身的感觉。在H型人中，肥胖型的人胸围、腰围、臀围都较大，因而服饰长度也应当相应增加。全身细长的服饰色彩可以改变此体型肥胖笨拙的视觉体态。注意在腰线部位必须避免跳跃、强烈的色彩（图8-54）。

二、不同体型的色彩关系

1.X型

X型作为标准的体型，形体特征是以细腰平稳上下身，胸与臀几近等宽，身体各部分的长短、粗细合乎比例，人体曲线优美，具有协调和谐美感。X型形体可以尝试多种色彩，可以塑造出多面形象，但也应考虑形象色彩与肤色、时间、场合的协调性，要注重色彩与服装款式与饰品的整体协调，注意上下装色彩的组合搭配（图8-51）。

2.V型

V型为标准、健硕的男性体型。对女性而言，肩宽、胸大、上身沉重，会使人显得矮小丰满，令臀部与大腿相形见瘦。服饰上衣不宜选择艳色、暖色或亮色，应避免胸部的绣花、贴袋之类色彩装饰。选用暗灰色调或冷色调，可令上身显小。若利用饰物色彩强调来表现腰、臀和腿，也可避免别人的注意力集中到上部（图8-52）。

3.A型

A型形体的人一般表现为小胸，胸部较平或乳部较上，肩窄、腰细，有的腹部突出，臀肥，大腿粗壮。这种体型可采用较强烈的细节色彩，将人们的视线引向腰以上的部位，使之显苗条。用深暗、单一色调的长裙配色彩明亮、鲜艳的有膨胀感的上衣，能达到收缩臀部而扩大胸部的视错效果（图8-53）。

4.H型

H型的形体特征为直腰臀高，上下一般粗，缺乏女性凹凸的曲线美。在搭配服装时要注意衣服的比例，避免突出粗直的腰部。着装可以通过颈围、臀部

图8-53 A型女子上部可选用具有明亮、膨胀感的色彩

图8-54 H型女子可通过颈围、下摆的色彩细节转移对腰线的注意

第三节　自然体色与色彩季型

一、自然体色

自然体色是指个人先天的自然肤色、发色、眼睛的颜色等。黄种人、白种人与黑种人的各自种族体色特征十分明显，即便是同一种族的人，由于遗传因素、年龄原因以及生活方式、所处环境的不同，其体色也截然不同。皮肤色在人体中占据面积较大，对人体外表起着重要的作用。发色仅次于脸部明显突出部分。一个人的发色（除染过外）天生与他的肤色相得益彰。眼睛色所涉及的可视范围小，对服装整体色彩影响不大。

一般情况下，人体肤色在明度、色相、纯度等方面都具有相对稳定的特性，因而它是服装色彩形象设计中相对固定的、基础的色。服装色彩的配置，既能对肤色起到加强烘托作用，显示或强化个性、气质的美感，也能在体现肤色美的同时反衬出服装色彩美感。在服装色彩配色中，一般以肤色的明度变化为主调，以服装色相、纯度及面料肌理、面积、形状等因素为副色，构成综合对比的色彩效果。如白皙肤色和深色服装相配合，形成明度配色；白粉色肤色同淡黄色服装相配，形成同一调和配色。也就是说，要使肤色与面料色彩之间拉开适当对比度，避免弱对比而产生使人精神萎靡不振的病态效果。

二、色彩十二季型

被誉为"色彩第一夫人"的美国卡洛．杰克逊(Carole Jackson)女士于1974年创立了分析个人色彩的一种方法，即色彩四季理论。这个理论体系将自然界中人眼可识别的144种常用色按照基调的不同，进行冷暖划分，进而形成四大组和谐关系的色彩群。由于每一组色群的颜色刚好与大自然的四季色彩特征相吻合，因此，就把这四组色群分别命名为春、夏、秋、冬。同时对人的肤色、瞳孔色、发色的"色彩属性"进行了科学分析，并按明暗和强弱程度把皮肤颜色划分为"春""夏""秋""冬"四个季型，每个季型拥有一组适合自己的色彩群，这些色彩像生命的密码一样有序而规律地排列，形成每个人终身享用的色谱。春季型以黄色为基调，适宜纯净、明亮、

柔和、文雅的服饰与妆色；夏季型以蓝色、粉红色、灰色为基调，适合蓝色或粉红色以及较深暗的色彩；秋季型以橙色、金色、棕色为基调，适合较浓艳的色彩；冬季型以蓝色为基调，适合明亮、活泼、冰雪色、深色、黑色，整体呈现出对比强烈的色彩效果。

1983年英国的玛丽·斯毕兰（Mary Spillane）女士在色彩四季理论的基础上，与色彩学的冷暖、明度、纯度等属性完美结合，将其扩展为十二色彩季型，即：浅春型、暖春型、净春型；浅夏型、柔夏型、冷夏型；暖秋型、柔秋型、深秋型；净冬型、冷冬型、深冬型。它扩大了每个人的用色范围，并使得在判断个人的色彩季型时更精准、更简洁、依据的标准更明确，从而使季节理论更完善、更简单、更方便应用。

1.浅春型和浅夏型

浅色型的人，整体搭配要以轻浅为主，不适合用纯黑、深棕等极端的颜色，更不能把这些深沉的颜色配在一起同时穿着。如果用深色，可以用深色系中不太极端的颜色。浅色型人适合的颜色以高明度至中明度的轻浅色为主，搭配上也以浅色配浅色为主，如果用到深色也一定要有浅色与之搭配才好。

（1）浅春型（图8-55）。浅春型的人，通常肤色呈现一种淡淡的象牙白，红晕是珊瑚色或鲑肉粉。部分浅春型人肤色并不白，有种杏色的感觉，但眼珠通常不会很黑，在浅黄褐色到棕色之间，发色也偏黄。浅春型人适合的颜色：带有淡黄底调的清亮明快的颜色。很适合10～18K的黄金饰品、黄水晶、蛋白石、羊脂玉、钻石、浅绿松石、珊瑚、黄珍珠等

图 8-55 浅春型色彩搭配图例

图 8-56 浅夏型色彩搭配图例

都是很好的选择。浅春型的女士不要用浓暗的颜色，因为它们会使人显得疲惫，也不要用过于鲜艳的颜色和强烈的对比搭配。总之，要把握在浅至中等深度、温暖的浅黄色调、明净清亮的颜色范围内，就会让浅春型人天生的明媚充分发挥出来。

（2）浅夏型（图 8-56）。浅夏型的人，肤色粉白，带有玫瑰粉的红晕。肤质有粉嫩的感觉，但不会晶莹透明。发色不黑，带可可色，栗子色的调子。发色柔软的居多，眼珠通常呈浅褐色。浅夏型人适合的颜色：带有浅灰蓝低调的轻柔淡雅的颜色。以磨沙、哑光的白金白银饰品为主，色彩浅淡的红蓝宝石、蛋白石、羊脂玉、钻石等都是很好的选择。

2. 暖春型和暖秋型

暖色型人有一种天生的金色的光彩笼罩在整个头面部，所以也只有用带有金色光彩的颜色才会把暖色型人的美丽调动起来。暖色型人穿冷色调的颜色最不合适，脸色被衬得发青，尤其是正蓝，这样纯粹

的冷色，不仅肤色显得不好，气质也显得十分生硬。暖色人强调所有的颜色都体现出一种温暖的黄底调的特性，以中等明度为主。

（1）暖春型（图 8-57）。暖春型人的肤色从浅白到中等深度，没有太深暗的肤色，肤质相对感觉较薄，通透。有些暖春型人隐隐带有一层红晕，所以皮肤往往莹白透粉，很细嫩。眼睛的颜色从黄褐色到黑棕色。暖春型人适合的颜色为明快、鲜亮、轻浅的黄底调色系。像春日里阳光下的花园一样，鲜绿、桃红、鹅黄，一切都是鲜嫩的。

（2）暖秋型（图 8-58）。暖秋型的人，面容因为有金色的底调而显得华丽，所以中等至低明度的暖色调会让暖秋型人焕发出华美的光彩。通常暖秋型人的肤质不会象暖春型人那么透明。暖秋型人适合的颜色最容易在秋天的大自然中找到，发黄的叶子，金色的麦田，树干，满山的枫叶，熟透的金桔，秋天落日的余晖为万物度上一层金光，暖秋型人是组成这美好画面的最和谐的一份子。

3. 柔夏型与柔秋型

柔色型的人，面容柔和朦胧，发色、眼睛、脸色之间缺乏鲜明的对比，肤色、发色都笼罩在一种灰色调中。所以穿柔和雅致的混合色会别有韵味。柔色型人往往会对自己的灰调固有色感到灰心，试图用明艳的颜色来提点精神，但实际情况是高饱和度的色彩会淹没你本身的色特征，衣服与人之间的冲突太激烈，有时会在气质上显得俗气。柔色型人适合的颜色为柔和雅致的中等深浅的色彩，纯度不高，每种颜色中有灰色的底调，也就是生活中那些说不清道不明的

图 8-57 暖春型色彩搭配图例

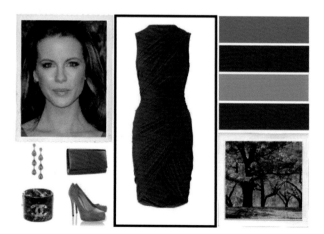

图 8-58 暖秋型色彩搭配图例

浑浊的颜色。

（1）柔夏型（图8-59）。柔夏型人固有色特征为玫瑰粉的面庞，肤色中等偏浅，目光平和，带灰可可色、亚麻色调的柔软黑发，整个人透出一种甜美的气息。柔夏人适合的颜色中每种都带有灰蓝底调，冷静柔和，雅致平实。如果你喜欢磨砂哑光的白金饰品，尽管用，还可以镶嵌一些蛋白石、羊脂玉、粉水晶、玫瑰红宝石绿玉，让它们和你的人一起散发出柔美的光泽。

（2）柔秋型（图8-60）。柔秋型人的固有色特征为发色偏黄，眼珠呈黄褐色，肤色瑰丽柔和，很可能还带有浅橄榄色的雀斑。柔秋型人适合的颜色为偏暖调子的中等明度的混合色，最要回避冷暗的颜色，比如海军蓝、黑色等，因为脸色会苍白，没有生气。适合光泽感不强的合金饰品，黄珍珠、黄玉、浅色的玛瑙、琥珀、色泽柔和的珊瑚等。

4. 净春型与净冬型

净色型人最大的共同特点就是发色、眼睛与肤色形成分明的对比，净色型人最突出的特点是眼神明亮清澈，肤色从雪白到中等深度，不会很深暗，但发色、眉眼的色泽很强烈，所以决定了净型人要用分明、极端的颜色，而且在搭配上也要大胆分明，对比强烈。净型人本身就是一颗钻石，属于你的色系就是照射在钻石上的光，有了这束光，钻石才会生辉。净色型人最穿不了泛旧的衣服。净色型人适合的颜色为纯度很高的颜色，真正能把黑色穿好的很多是净型人。

（1）净春型（图8-61）。面容冷暖调子不明显，略偏向暖色调，浅象牙肤色较多，发色多为棕黑色，眼睛明亮。净春型人不太强调色彩的冷暖调子，只要明快、鲜亮、耀眼的颜色就好。所有闪闪发光的饰品都是最好的选择。净春的颜色比净冬的颜色相比更明

图 8-59 柔夏型色彩搭配图例

图 8-60 柔秋型色彩搭配图例

图 8-61 净春型色彩搭配图例

图 8-62 净冬型色彩搭配图例

亮、更轻浅，略略带有一点点黄味。净春型人的用色原则不仅要求颜色鲜亮，最强调明快、鲜亮耀眼的颜色，而且在配色上对比搭配效果更好。

（2）净冬型（图8-62）。净冬型人固有色特征比净春型人更强烈，色泽更浓重，肤色带青底调，有青白、浅青黄等肤色，因为她们有着乌黑的头发，黑亮的眼睛，浅色的皮肤，素有"白雪公主型"的美称。净冬型人适合的颜色：冷色调，色彩饱和度高。适合搭配白金镶钻、蓝宝石、红宝石、翡翠、祖母绿的饰品。

对比分明的黑白配色最能体现净冬型人的优势。净冬型人适合冷色调，艳度高的颜色，适合不带杂色的白，纯白、青白是首选，橙色不是很适合，会让她鼻唇沟和嘴周围阴影发黄、加重、显得肤色不均。

5. 冷夏型与冷冬型

冷色型的人肤色强调用冷色底调的颜色，也就是有蓝底调的各种颜色，最要回避暖色调系列，否则看上去脸色不仅发黄还会显得格外苍老。细纹、眼袋、鼻唇沟周围的暗色都会加重。尤其用暖色调的化妆显得有些滑稽。冷色型人适合的颜色不强调明度，深深浅浅的颜色都可以，但必须都是冷调子的，冷色型人基本用不上桔色，但蓝色系、紫色系都可以。

（1）冷夏型（图8-63）。冷夏型人普遍来讲发色都带有一种灰褐色、灰可可色的调子，但也有的冷夏型人是很黑的发色。一般冷夏型人的肤色不会很深，从白里透粉到小麦色都有，但肤质不会晶莹透亮，是一种不透明的质感，如磨砂玻璃。冷夏型人适合的颜色：中等至偏低纯度的蓝底调颜色，不能太过艳丽鲜亮，但也不要过于灰暗，最重要不能偏暖调子。饰品最好以白金、白银系列为主，深深浅浅的红、蓝、绿宝石、粉、紫水晶、乳白色的珍珠、天然的石头、贝壳都很适合。

（2）冷冬型（图8-64）。冷冬型人普遍拥有黑亮的头发和眼睛，肤色从青白至青褐色，有些带有玫瑰粉的红晕，眼白通常泛有淡淡的蓝色，眉眼清晰明朗。冷冬型人适合艳丽、纯正的冷色调颜色。闪闪发光的白金、白银饰品，色泽明艳的红、蓝宝石、祖母绿、绿松石、翡翠、钻石等饰品，一切都要放射出冷冷的光芒。总之，冷冬型人的用色规律可以用"艳如桃李，冷若冰霜"来形容。

图 8-63 冷夏型色彩搭配图例

图 8-64 冷冬型色彩搭配图例

图 8-65 深秋型色彩搭配图例

6. 深秋型与深冬型

深色型特点的人整个头面部的固有色呈现一种浓重的感觉，所以必须用同样浓重的颜色才能衬托得起来。深色型人适合的颜色为中等明度至低明度的颜色，强调色彩的浓重，搭配上也要突出绚烂，浓烈的

图 8-66 深冬型色彩搭配图例

效果。

（1）深秋型（图 8-65）。深秋型人头面部呈现一种温暖的调子，有如深秋季节里被夕阳镀上了一层金光。中等至深肤色，眼睛的颜色从深棕到黑色，肤质不太透明，很多深秋型人一眼看上去带有东南亚或南亚的异域风情。深秋型人适合的颜色：深沉浓郁的黄底调颜色，确实有深秋季节大自然的味道。饰品选择泥金、哑金等成色很高的黄金制品，赤铜，可以镶嵌琥珀、玛瑙、黄玉、红宝石、祖母绿等。

（2）深冬型（图 8-66）。深冬型人整体呈现一种深冷的调子，肤色以中等深浅的麦色至青褐的暗黄皮肤为主，乌黑的眼珠，浓黑的头发。

深冬型人适合的色彩：蓝底调的浓烈深沉的颜色，反差强烈的对比搭配。最适合配闪亮的白金饰品，镶嵌色彩浓艳的蓝宝、红宝、钻石、祖母绿，服饰与人相映生辉。那些淡雅柔和的颜色和搭配只能让深冬人黯然失色。在中国，深肤色人中深冬型人要多过深秋型人，在东南亚一带则是深秋型人较多。

第四节 服装色彩与环境

环境是服装存在的空间，是服装色彩整体效果的一部分。脱离具体着装环境的服装色彩不会给人带来美感。

一、服装色彩与自然环境色彩

不同的地域、气候条件以及季节变化等自然因素，使服装色彩形成了不同的差异。比如，热带地区阳光充足、气候温热潮湿，服装色彩的明度和纯度会高一些，而气温较低的地区则相对较暗些，平原地区的流行色柔美和谐，草原地区则对比较为强烈。

图 8-67 夏季冷色调服装给人以凉爽感

图 8-68 秋季暖色调服装给人以温暖感

处于南半球的容易接受自然的变化，喜爱强烈的色彩；处于北半球的人，对自然的变化感觉比较迟钝，喜欢柔和的色调。色彩学者在欧洲地区作了日光的测定，发现北欧的日光接近于日光灯色，南欧的日光偏于灯光色。人们长期习惯在一种光源下生活，就产生了习惯性的爱好。意大利人喜欢黄、红砖色，这是由于意大利的日光偏黄。北欧人喜欢青绿色，这是由于北欧的日光偏青绿色。这说明自然环境、色彩、太阳光谱成分，都可能对人们产生影响。

在季节特征分明的地区，季节的交替影响着服装色彩的变化。如在我国北方，秋冬用灰暗色、暖调色；夏季要用明度色、冷调色。这是因为秋冬寒冷，暗色、暖色给人的温暖感；夏季炎热，亮色、冷色给人以凉爽感。由此可见，服装色彩带有明显的气候特征（图8-67、图8-68）。

服装色彩与自然环境的色彩关系有两种：一种是主张服装色彩与自然环境色相反。如在夏季色彩浓艳，服装色彩上选用单纯、淡雅的服装；冬季色彩单调，服装色彩上选用丰富多彩的颜色。这种服装色彩与自然环境色形成对比关系的穿着理念，强调人在自然中的主体作用（图8-69）。另一种是主张服装色彩与环境色的融合。如在春季万物复苏，色彩缤纷，服装色彩上也是鲜艳多姿的；冬季百花凋零、萧然肃穆，穿着上也应朴素、深沉。这种穿着理念意在体现人与自然的统一，是一种天人合一的观念（图8-70）。

另外，服装色彩常常与自然环境色寻求视觉生理上的平衡与补充。如沙漠地带的人们对黄色司空见惯，对绿色特别向往，酷爱绿色的装饰。与之相反，水草丰美的地区往往偏爱鲜艳的红色、天蓝色、鹅黄色，对与绿色相对比的服装色彩感兴趣。总而言之，服装色彩与自然环境色的对比与调和，既使服装色彩装饰了人类，同时也美化了环境。

二、服装色彩与社会环境色彩

现代社会中，人们的生活空间将越来越大，人们一天中可能处在几个不同的场合，扮演不同的角色。在穿着上既要注意具体环境还要注意职业身份、本人的角色内涵及人与人互为环境等因素。

人在居室中需要安静，闲适情调，所以，室内

图8-69 服装色彩与环境色的对比

图8-70 服装色彩与环境色的融合

图 8-71 野外郊游的服装色彩

图 8-72 城市环境与服装色彩

图 8-73 家居环境与服装色彩

服装多取环境的弱对比调和。在强调整体感、秩序感部门的工作人员，服装色彩应与群体形成弱对比调和。导游人员通过服装帮助提高自身在群体中的注目度，所以服装色彩多取他人的强对比调和。酒店制服的色彩既要与内部环境相适应，又不能完全融入环境而难以辨别。野外郊游服装色彩不宜选用过于稳重、含蓄的黑、灰色，轻松明快的颜色既能放松身心，又便于在广阔的空间环境中相互识别。因此，在生活空间环境中要因时间、地点、场合及着装者形象塑造的不同要求选择适合的服装色彩（图 8-71 ～图 8-73）。

第九章 流行色与服装色彩

流行色是每年每季服装设计不可缺少的元素，是时尚服装的一个重要标志。对于整个服装行业来说，流行色可以为服装设计、生产、销售提供正确的导向，引导服装市场和消费者。

第一节 流行色概述

一、流行色的概念

流行色，英文为"Fashion Colour"，意为合乎时代风尚的色彩，即"时髦色"。它也称为"Fresh Loving Colour"，即新颖的生活用色。

流行色是在一定时空范围内被人们普遍接受并应用的色彩，是人们共性的色彩选择。它并非特指一种或几种色彩，而是一种色彩倾向，是几个色系组成的一种或几种色彩情调。

流行色是市场上的一种新的色彩流行形态，具有相当规模的传播效应（图9-1）。它是一定时期、社会的政治、经济、文化和人们心里活动等因素的综合产物。

二、流行色的特性

1.周期性

流行色的变化是一个动态的过程。流行色从产生到发展，一般经过始发期、上升期、流行高潮期和逐渐消退期四个阶段，四个阶段演变总体时间大约为5～7年，其中流行高潮期内的黄金销售期，一般持续约为1～2年时间。周期变化的时间长短则由各国、各地区经济发展水平不同、社会购买力和对色彩的审

图9-1 变化的色彩流行形态

美要求不同而各有所异。流行色以服装纺织品行业反映最为敏感，流行周期快。随着世界经济一体化、时尚全球化及信息传播技术的高速发展，目前国际时装界一种时装流行色的变化趋势所持续的流行周期仅有5个月左右（图9-2）。

2.延续性

流行色的延续性表现在两个方面。一方面，我们在新的流行色谱中，一般总能看到上一季流行的痕迹，它们往往以新推出色彩的搭配色出现。另一方面，在每一次流行中，最受欢迎的色彩风靡之前往往被用在点缀色的位置上，给人一种新的色彩启示，随着被大多数人接受并大量采用而成为流行色。当流行高潮期过后，这个颜色迅速退居为配色地位，作为副色加

图9-2 时装流行色的周期较短

入下一季的流行，暗示着新一季的流行色与上季流行色的关系。

3. 渐变性

新的流行色相与原有的流行色相在色相环上会产生一定的距离，它们总是在各自相反的方向围绕色相环中间的点转动，形成一种顺向或逆向的跳变过程。在色相变化过程中会出现暖色流行期和冷色流行期，两期之间的转换阶段常会出现各种色相的激发期，表现为中间色的色相特征，这种转换是一种渐变的过程。而流行色的明度、纯度高低之间的转换过程按低明度—中明度—高明度，低纯度—中纯度—高纯度这样的方向循环反复地发展，呈渐变的规律。

第二节　流行色预测与资讯

一、流行色预测的机构

流行色预测是指在特定的时间，根据以往的经验，对市场、经济及整体社会环境因素的专业评估，以推测未来一个时期内色彩流行趋势的活动。服装流行色的预测最初是从色彩本身开始的，随着时间的推移，现在加入了面料、款式的色彩因素，并在此基础上经过相应的调整而得到具体化的流行色方案。

成立于1915年的美国纺织品色彩协会是全球最早的流行色预测机构，而最权威的流行色预测机构是国际流行色委员会。目前服装流行色预测不仅限于专业色彩机构，一些商业机构也参与其中，使流行色的预测手段、方法更加多样化，市场应用更加广泛。而互联网技术的发展使在线服务的预测机构在信息更新和发布方面更为快捷和及时，越来越受到市场和用户的认可。世界主要流行色预测的组织、机构有：

1. 国际流行色委员会

它是国际色彩趋势方面的领导机构，是目前影响世界服装与纺织面料流行色彩的最权威机构，全称为"国际时装与纺织品流行色委员会"（International Commission for Color in Fashion and Textiles，英文缩写Intercolor）。国际流行色委员会每年2月和7月召开两次色彩专家会议，各会员国色彩专家根据各国国情并结合市场和产品，在分析探讨各国色彩提案基础上，经过综合整理研究预测24个月以后国际的色彩趋势走向，制定并推出春夏季（S/S）、秋冬（A/W）季节色彩方案，同一季节又分有女装、男装、和休闲装定案，并提出流行色主题的色彩灵感与情调，为服装与面料流行的色彩设计提供新的启示。

2.《国际色彩权威》杂志

《国际色彩权威》（International Color Authority，英文缩写ICA）杂志是由美国《美国纺织》、英国《英国纺织》和荷兰《国际纺织》三家专业机构联合研究出版的。ICA成立于1968年，每年国际色彩专家小组在伦敦会聚两次，经专家们反复讨论进行流行色发布，分为男装、女装、休闲服和家具四组色彩。流行色方案在销售季前22个月发布，同时成为家具行业和纺织行业最早的色彩流行预测。现在，ICA是工业彩色预测的引领机构之一，其出版物预测质量高，拥有大量色彩流行趋势的准确信息，被列为许多专业人士最喜爱的出版物之一。ICA色彩指南使用的是Pantone色卡和NCS色卡。目前，ICA用户可以通过在线服务下载预测信息，搜索世界流行色资讯。

3. 国际羊毛局

国际羊毛局（The Wool Company，英文缩写TWC）是澳大利亚羊毛服务公司的全资子公司，纯羊毛标志的拥有者。该机构成立于1997年，其前身为国际羊毛事务局（IWS），旨在向全球推广优质的羊

图 9-3 The Wool Lab 流行趋势指南

毛制品，促进全球顶级羊毛面料和纱线供应商的联系。国际羊毛局每年发布的 The Wool Lab 流行趋势系列，是优质羊毛色彩与面料流行趋势的向导和指南，并提供了可商业化的面料实样，以供全球的设计师、制造商、零售商、时装品牌以及时尚产业的业内人士免费申请使用，从中获取灵感和资讯（图 9-3）。

4. 国际棉业协会

国际棉业协会（International Institute For Cotton，英文缩写为 IIC），成立于 1966 年 2 月，由国际棉花咨询委员会所赞助。主要是通过市场调查、技术研究及制订推销方案等系列活动，寻求增加原棉的消费以及探求棉花市场的未来发展方向。该机构与国际流行色委员会联合，专门研究和发布适用于棉织物的流行色。

5. 潘通

潘通（Pantone）是一家专门开发和研究色彩而

闻名全球的权威机构，提供印刷、数码、纺织、塑胶、建筑等专业色彩服务。潘通具有自行开发的色彩体系，并有专业色卡，在服装领域是 Pantone TCX（棉质色卡）和 TPX（纸质色卡）。Pantone 每年分别发布春夏和秋冬色彩报告，分别评选男装、女装十大流行色。Pantone 侧重于预测流行色相的准确性。

6. 法国第一视觉

法国第一视觉（Premiere Vision，英文缩写 PV），侧重于面料色彩趋势的预测。始于 1973 年，每年为春夏和秋冬两届，2 月为春夏面料展，9 月为秋冬面料展，并发布下一年度的面料流行趋势。2015 年 Premiere Vision 进行了重大升级，将原命名不同的子展会整合成为统一的展会名称 Premiere Vision Paris，涵盖纱线、面料、皮革、设计、辅料和生产六个方面。PV 展已被公认为国际最新面料潮流风向标，引领着世界最新面料的流行趋势（图 8-4）。

7. 世界时尚资讯网

著名的世界时尚资讯网（Worth Global Style Network，英文缩写 WGSN），是英国在线时尚预测和潮流趋势分析服务提供商。它成立于 1998 年，专门为时装及时尚产业提供网上咨询收集、趋势分析以及新闻服务，主要目标客户是零售商、制造商、时装品牌等与流行色相关的行业。在预测方法上从专家定性预测到以现代预测学为基础的预测，形成了一套现代化的服装流行色预测理论。企业用户包括 H&M、Nike、Victoria's Secret、星巴克以及财富 500 强的

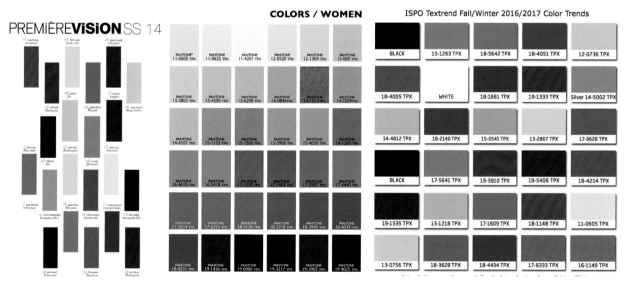

图 9-4 PV2014 春夏女装色彩趋势预测　　图 9-5 Lenzing2015 春夏女装色彩流行趋势预测　　图 9-6 ISPO 2016-2017 秋冬面料色彩流行趋势预测

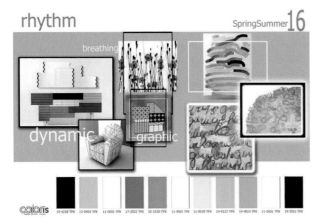

图9-7 意大利流行色委员会2016春夏色彩预测之一

图9-8 意大利流行色委员会2016春夏色彩预测之二

企业中几乎所有的时装公司。

另外，Lenzing、ISPO、Trend Council、Fashion Snoops、Trendstop等各大时尚机构及网络门户也较为活跃,定时发布每季流行色预测情报及相关资讯（图9-5、图9-6）。

二、流行色提案的内容

流行色提案的内容包括主题标题、主题描述、主题图片、色组陈列及流行色卡五个部分。

1.主题标题

流行色提案通常以命题的方式来归纳和整合流行色趋势，形成言简意赅，并富于思维联想的标题。

2.主题描述

是流行色每一色组灵感来源的说明，其文字简洁明了、生动准确、通俗易懂。通过主题可以清楚地感受到色调的面貌。

3.主题图片

对许多原始图片进行整理和分解，并利用拼贴重组的手法，将各种形象和色彩元素经过高度提炼，制作成一张能够全面反映主题内容，准确地诠释流行色组灵感的图片（图9-7、图9-8）。

4.色组陈列

色组是流行色的最关键的组成部分。流行色的公布一般以3～4组颜色组成一个季节即将流行的色彩，每一组由6～7块色彩组成。有些色块是从色彩图片中直接提炼出来的，有些则根据主题的抽象印象及联想来确定颜色。色组不仅能为使用者提供单色彩指导，其排列方式和形成的总体效果，也展示出新季色彩的组合和搭配方式。

5.流行色卡

为便于色彩管理，避免色彩在传递中因为织造、印染、印刷技术等造成色彩传递误差，流行色预测机构一般通过发布流行色卡，作为色彩传递的载体，来加强与客户间的信息沟通与交流，并将之推广到产品开发和市场应用中。目前，国际通用的色卡有Pantone色卡、RAL色卡、Munsell色卡、DIC色卡、NCS自然色彩系统色卡和国际色卡等。色卡体系虽然有各自的色彩命名方式，但在其本质上都以色立体为原型，因而相互之间具有很强的沟通性。以Pantone纺织服装色卡为例，为了容易识别，每种色彩均以6位码辨识每种色彩，并用英文名称标注，每种色彩在系统的色彩空间里都有一个唯一的位置，使得色彩可以被精确定义。如色样Pantone15-0343TCX，表示色样的明度为15、色相为03、纯度为43，TCX表示此色卡材质为棉质，色彩的名称为Greenery,即草木绿（图9-9）。

三、流行色发布的程序

从国际流行色预测提案的提出到世界各国时装流行色的广泛流传大约需要两年的时间。

（1）国际流行色委员会各成员国提前24个月选定各国国际流行色提案；

（2）国际流行色委员会的各国专家提前21个月确定流行色国际定案，提前18个月以色卡形式发布流行色预测结果；

（3）欧洲各大面料展提前12~15个月纷纷推出面料流行色趋势；

图 9-9　Pantone2017 年十大流行色卡

图 9-10 流行色主导型配色

（4）接下来各大品牌设计师陆续开始举行时装发布会；

（5）提前 6 个月，流行色趋势以成衣的形式在成衣博览会上展出，供经销商定购。

第三节　流行色的应用

一、流行色与品牌色、常用色

在服装产品开发设计中，服装色彩基本上由品牌色、常用色和流行色三部分组成，三者之间色彩比列关系的变化构成了不同的服装产品色彩形象。

1. 品牌色

品牌色是一个品牌长期固定的一个或几组色系，具有稳定消费者心目中品牌形象的作用，一个品牌长期使用一组色彩作为产品配色的基础，可以确立品牌的识别度和信任度。品牌色与该品牌消费群的生活习惯、审美倾向是相对应的。从某种意义上来说，人们选择了某个品牌就是选择了某个色系。

2. 常用色

常用色是符合人们普遍接受的审美标准的色彩，并在特定的范围内被长期使用。常用色大都具有较强的色彩调和能力，纯度低、色感稳，容易与其他颜色取得协调，适于衬托各种鲜艳的色彩，是易于搭配的色彩。大多数常用色视觉效果柔和，不会像色感鲜艳的颜色那样很快引起视觉和心里疲劳而被人厌倦。常用色也具有流行性特征，所以每个季节常用色的色调都会产生微妙的变化。当一个新的色彩季节来临时，常用色中最基本的颜色的使用率也会与上一季节有所不同。例如，牛仔的蓝色也同样随着流行在不断地变化着色调，或浅或深、或鲜或灰。

二、流行色与品牌服装色彩设计

一般而言，常用色、品牌色在品牌服装色彩中所占比重较大，流行色所占比重较小，但针对不同种类与风格的服装，要进行合理的色彩结构调整，才能使流行色与常用色、品牌色的搭配取得最佳效果。

1. 流行色主导型配色

流行色主导型配色是指在服装产品开发设计中，流行色居支配地位，品牌色与常用色次之，这种色彩配置方式往往可以使品牌充满时尚活力，在短时间内能够收到较好的市场收益。流行色彩主导型的配色，主要是定色变调的过程，要充分结合产品品牌的具体形象，才能将时尚更好地带入到整体的服装色彩设计中。通常情况下，组配服装色彩的关键在于把握主色调，面积较大的主调色可选用始发色或高潮色（若用花色面料时，则应选用地色或主花色为流行色的服装面料）。品牌色可以作为流行色的互补，少量地加以运用。同时，为使整体配色效果富于层次感，还应适当选择无彩色或含灰色等常用色作为调和与辅助色彩。

图 9-11 品牌色主导型配色　　　　　　　　　图 9-12 常用色主导型配色

2.品牌色主导型配色

这一类型是指品牌色彩占据主要地位，被采用的比例较大，其次是常用色，而流行色使用较少。虽然流行色的少量使用不会对品牌服装色调变化产生较大的影响，但它能对品牌色起到补充作用，使服装品牌色更醒目、清晰，产生新意（图9-11）。一些知名品牌习惯以自己的品牌色为主要色调，而在细节部分融入流行色彩，这样既可以体现出自身品牌的色彩形象，又能够引领时尚潮流，很好地保持所形成的品牌风格。用于搭配的流行色可以选用始发色、高潮色或点缀色，可根据品牌色及流行色彩的具体情况灵活应用。有时品牌色在某个季节可能会成为流行色，如果当季流行色正是该品牌的的品牌色，那么当季该品牌将会更加深入人心。

3.常用色主导型配色

常用色主导型配色是指常用色占最大比例的色彩构成方式，品牌色居第二位，流行色比例最小。由于常用色的接受程度和良好的搭配作用，可以保证其品牌的销售量，同时能与品牌色、流行色产生较为和谐的搭配效果。品牌色居第二位能有效地彰显品牌的文化理念。适量流行色的加入，可以使品牌色彩具有多元的变化，扩大品牌的识别范围。这种类型是较为合理的组成方式，既保证了产品的色彩形象，又能有效保证市场的销售。

4.均衡型配色

均衡型的色彩结构是指在产品色彩的配置中，流行色、品牌色、常用色所占的比例基本相当的配色形式（图9-13）。运用一定比例的品牌色，能够在一定范围内起到品牌色彩形象塑造的作用；由于常用色具有较大的包容性，容易被大多数消费者所接受，可以使产品市场变得更加稳定；配合时下具有代表性的流行色，能够展示出时尚品牌具有变化的一面，充分满足消费者求变的心理需求。

图 9-13 均衡型配色

参考文献

[1] 吴小兵 . 服装色彩设计 [M]. 沈阳：辽宁美术出版社，2002.
[2] 贾京生 . 服装色彩设计学 [M]. 北京：高等教育出版社，1993.
[3] 黄元庆 . 服装色彩学 [M]. 北京：中国纺织出版社，1997.
[4] 张殊琳 . 服饰色彩 [M]. 哈尔滨：黑龙江教育出版社，1995.
[5] 陈彬 . 服装色彩设计 [M]. 上海：东华大学出版社，2007.
[6] 庞绮 . 服装色彩设计 [M]. 北京：中国青年出版社，2008.

图书在版编目 (CIP) 数据

服装色彩设计与表现 / 吴小兵编著 .－－ 上海：东华
大学出版社，2018.4
ISBN 978-7-5669-1387-6

Ⅰ .①服 ... Ⅱ .① 吴 ... Ⅲ .①服装色彩 – 设计 –
高等学校 – 教材 Ⅳ .① TS941.11

中国版本图书馆 CIP 数据核字（2018）第 060149 号

责任编辑：谭　英
封面设计：吴晓慧　Marquis
版式设计：刘淅宁　孙纪朋

纺织服装高等教育"十三五"部委级规划教材
服装色彩设计与表现
Fuzhuang Secai Sheji Yu Biaoxian

吴小兵　编著

东华大学出版社出版

上海市延安西路 1882 号

邮政编码：200051　电话：（021）62193056

出版社网址　http://www.dhupress.net

天猫旗舰店　http://www.dhdx.tmall.com

深圳市彩之欣印刷有限公司印刷

开本：889mm×1194mm　1/16　印张：7 字数：246 千字

2018 年 4 月第 1 版　2021 年 8 月第 2 次印刷

ISBN 978-7-5669-1387-6

定价：53.00 元